湿地温室气体的生物汇
——甲烷氧化菌与碳汇

刘菊梅　夏红霞　司万童　著

本书数字资源

U0319164

北　京

冶金工业出版社

2023

内 容 提 要

本书详细阐述了甲烷氧化菌联合水生植物进行湿地温室气体生物汇的相关研究。书中从温室气体引起的环境问题出发，介绍了湿地及其温室气体、湿地植物及其根圈样品的采集分析技术、湿地植物根圈和沉积物中细菌和好氧甲烷氧化菌的群落组成及微生境分布特征、甲烷氧化型脱氮菌的多样性、完全脱氮菌群的多样性及其分布特征、完全脱氮菌群与大型水生植物的联合脱氮作用、湿地污染对植物根际微生物的影响等。

本书可作为环境科学与工程、生态学与生态工程等领域的科研工作者、研究生以及技术人员的参考书，也可作为高等院校、研究院所相关专业研究生课程的参考教材。

图书在版编目（CIP）数据

湿地温室气体的生物汇：甲烷氧化菌与碳汇／刘菊梅，夏红霞，司万童著. —北京：冶金工业出版社，2023.7

ISBN 978-7-5024-9551-0

Ⅰ. ①湿…　Ⅱ. ①刘…　②夏…　③司…　Ⅲ. ①甲烷细菌—研究　Ⅳ. ①Q939. 1

中国国家版本馆 CIP 数据核字（2023）第 118540 号

湿地温室气体的生物汇——甲烷氧化菌与碳汇

出版发行　冶金工业出版社		电　　话　(010)64027926	
地　　址　北京市东城区嵩祝院北巷 39 号		邮　　编　100009	
网　　址　www.mip1953.com		电子信箱　service@ mip1953.com	

责任编辑　夏小雪　美术编辑　吕欣童　版式设计　郑小利
责任校对　梅雨晴　责任印制　窦　唯
北京印刷集团有限责任公司印刷
2023 年 7 月第 1 版，2023 年 7 月第 1 次印刷
710mm×1000mm　1/16；13 印张；212 千字；198 页
定价 78.00 元

投稿电话　(010)64027932　投稿信箱　tougao@cnmip.com.cn
营销中心电话　(010)64044283
冶金工业出版社天猫旗舰店　yjgycbs.tmall.com
（本书如有印装质量问题，本社营销中心负责退换）

前　　言

地球上 5%~8% 的面积被湿地覆盖。湿地是地球上非常重要的碳池，在全球碳循环和碳中和上发挥着至关重要的作用。湿地生态系统具有水域和陆地生态系统共同的特点，在调节气候、涵养水源、降解各种污染物，促进生物地球化学循环，提供生物栖息地等维持生态平衡方面至关重要，被誉为"地球之肾"。湿地作为温室气体的"源"和"汇"，其碳、氮生物地球化学循环非常活跃，这意味着湿地生态系统是自然景观中温室气体生产、消耗和与大气交换的关键，也是实现碳中和、碳达峰的重要助力所在。

目前，全球气候变暖的趋势引起了全世界各界人士的广泛关注。甲烷是继水蒸气和 CO_2 后最重要的人为温室气体，其温室效应是 CO_2 的 25 倍，占总辐射量的 17%，其对温室效应的贡献率高达 20%。环境中存在好氧甲烷氧化菌和厌氧甲烷氧化菌这两类截然不同的甲烷氧化菌，它们都对甲烷的减排和碳素循环起到重要作用。其中，好氧甲烷氧化菌在全球碳氮循环之间形成一个重要的桥梁，且二者之间的关系受到氮沉降和氮缺失的很大程度的影响。因此，自然湿地植物根圈甲烷氧化功能菌群和完全脱氮反硝化菌群的群落组成、分布特征、数量、功能等相关内容都值得关注，这对湿地营养元素循环、温室气体减排、水体氮污染去除等，具有重要的研究价值和应用潜力。

本书共分为 7 章，第 1 章绪论，重点介绍了湿地、湿地植物和碳氮功能菌群；第 2 章重点介绍了我国湿地的重要植物资源和温室气体与气候变化的关系；第 3 章介绍了湿地植物根圈样品的采集及物理、化学、生物分析技术；第 4 章和第 5 章分析了植物根圈和沉积物中细菌和好氧甲烷氧化菌的群落组成及微生境分布特征、甲烷氧化型的脱氮菌多样性、植物根系中 Type Ⅰ 好氧甲烷氧化菌的定植；第 6 章介绍了根圈和沉积物中的完全脱氮菌群；第 7 章以尾矿库区湿地为典型案例分析了湿地污染对植物根际微生物的影响。作者最后对湿地挺水植物根关联的微生物参与碳氮循环过程提出了自己的假设。同时，全书贯穿介绍了环境微生物学、环境科学、生态学等领域成熟实用的研究理论和技术方法，并将作者的科研和实践经验融入其中，可作为相关研究人员和研究生的学习参考资料。

本书第 1 章和第 3 章由司万童（重庆文理学院，重庆市规划和自然资源调查监测院）撰写；第 2 章由夏红霞（重庆文理学院）撰写；第 4~7 章由刘菊梅（重庆文理学院，生态环境部南京环境科学研究所）撰写。李友鹏（重庆中碳交科技服务有限公司）参与了第 1 章的写作；夏红霞和朱启红参与了第 3 章、第 6 章和第 7 章的写作；李彦林（重庆文理学院）参与了第 7 章的写作。刘菊梅、夏红霞和李星雨（重庆市明镜司法鉴定所）对全书进行了校稿。

本书的完成和出版得到了国家自然科学基金（42103078、32101394）、重庆市自然科学基金（cstc2020jcyj-msxmX1011）、重庆文理学院人才引进专项（R2018SCH03、R2019FCH10）、重庆文理学院环境科学重庆市重点学科建设经费的联合资助。作者在写作过程中参考了国内外相关文献资料，在此向相关文献作者表示衷心感谢。

在完成本书写作过程中，尽管作者力求做到科学性、先进性和实用性的有机结合，但由于水平所限，书中不妥和疏漏之处，敬请广大读者批评指正。

作　者

2023 年 3 月

目　　录

1　绪　　论

1.1　我国湿地保护

1971年2月2日，来自18个国家的代表在伊朗南部海滨小城拉姆萨尔签署了一个旨在保护和合理利用全球湿地的公约——《关于特别是作为水禽栖息地的国际重要湿地公约》（Convention on Wetlands of International Importance Especially as Waterfowl Habitat，简称《湿地公约》）。该公约于1975年12月21日正式生效，有158个缔约方。公约主张以湿地保护和"明智利用"为原则，在不损坏湿地生态系统的范围之内可持续利用湿地，并在1996年《湿地公约》常务委员会第19次会议上决定从1997年起，将每年的2月2日定为世界湿地日，用于提高公众的湿地保护意识。

我国于1992年加入该《湿地公约》，正式拉开参与国际湿地保护的大幕，自此以来在湿地保护和公约履约的征途中，主要经历了4个发展阶段：

（1）摸清家底和夯实基础（1992—2003年，以首次全国湿地资源调查和发布《中国湿地保护行动计划》为标志）；

（2）抢救性保护（2004—2015年，以大规模湿地公园建设、实施湿地保护工程为标志）；

（3）系统保护（2016—2021年，以生态文明建设目标，尤其是湿地保护修复制度方案发布与执行为标志）；

（4）全面保护（2022年以来，以《中华人民共和国湿地保护法》颁布与实施为标志）。

2000年11月8日，公布实施了由原国家林业局牵头，外交部、国家计委、财政部、农业部、水利部等国务院17个部门以及《湿地公约》相关国际伙伴组织共同参加编写的《中国湿地保护行动计划》。

2003年，国务院批准发布了《全国湿地保护工程规划（2002—2030

年)》，陆续实施了三个五年期实施规划，中央政府累计投入 198 亿元，实施了 4100 多个工程项目，带动地方共同开展湿地生态保护修复。

2015 年 4 月，《中共中央国务院关于加快推进生态文明建设的意见》明确提出，将"湿地面积不低于 8 亿亩"列为到 2020 年生态文明建设的主要目标之一。

2016 年 11 月，习近平总书记在主持召开中央全面深化改革领导小组第二十九次会议时强调，建立湿地保护修复制度，加强海岸线保护与利用，事关国家生态安全。

2020 年 3 月，习近平总书记在杭州西溪国家湿地公园考察湿地保护利用情况时强调，要坚定不移把保护摆在第一位，尽最大努力保持湿地生态和水环境。

2020 年 8 月，自然资源部、国家林业和草原局就《红树林保护修复专项行动计划（2020—2025 年）》召开新闻发布会，介绍有关情况。该行动计划要求对我国大陆现有红树林实施严格的全面保护，科学开展红树林的生态修复，不但要扩大红树林面积，也要提高生物多样性，整体提升红树林生态系统质量和功能，全面增强红树林生态产品供给能力。到 2025 年，营造和修复红树林面积 18800 公顷❶，其中，营造红树林 9050 公顷，修复现有红树林 9750 公顷。

2021 年 10 月，习近平总书记在黄河入海口考察时强调，不能让湿地受到污染，也不能打猎、设网捕鸟。

2022 年 6 月 1 日，《中华人民共和国湿地保护法》开始施行，这是我国首次针对湿地保护进行立法，标志着中国湿地保护进入法治新时代。法律正式确立了湿地实行分级管理制度，按照生态区位、面积以及维护生态功能、生物多样性的重要程度，将湿地分为重要湿地和一般湿地。

2022 年 10 月，我国国家林业和草原局、自然资源部联合印发《全国湿地保护规划（2022—2030 年）》。规划立足我国湿地资源现状，明确我国湿地保护的总体要求、空间布局和重点任务，提出到 2025 年，全国湿地保有量总体稳定，湿地保护率达到 55%，优先在 30 个重点区域实施湿地保护修复项目，新增国际重要湿地 20 处、国家重要湿地 50 处。到 2030 年，湿地保护高质量发展新格局初步建立，湿地生态系统功能和生物多样性明显改

---

❶　1 公顷 = 10000 平方米。

善，湿地生态系统综合服务功能增强、固碳能力得到提高，湿地保护法治化水平持续提升，使我国成为全球湿地保护修复的重要参与者、贡献者和引领者。

2022年11月5~13日，《湿地公约》第十四届缔约方大会在湖北武汉举行。同时在日内瓦设立分会场。大会在武汉设线上及线下会场，习近平主席以视频方式出席大会开幕式，并发表题为《珍爱湿地 守护未来 推进湿地保护全球行动》的重要讲话。习近平指出，中国湿地保护取得了历史性成就，构建了保护制度体系，出台了《湿地保护法》，制定了《国家公园空间布局方案》，将陆续设立一批国家公园，把约1100万公顷湿地纳入国家公园体系，实施全国湿地保护规划和湿地保护重大工程。中国将推动国际交流合作，在深圳建立"国际红树林中心"，支持举办全球滨海论坛会议。

2022年是我国加入《湿地公约》30周年。30年来，我国逐步建立湿地保护修复制度体系、法律法规体系、调查监测体系，实施了3个五年期的《全国湿地保护工程规划》，指定了国际重要湿地64处，国家重要湿地29处，省级重要湿地1027处，13座城市获得"国际湿地城市"称号。我国是全球唯一完成三次全国湿地资源调查的国家，完成了4100多个湿地保护修复工程项目，建成国家湿地公园900余处。截至目前，中国湿地面积达到5635万公顷，位居亚洲第一、世界第四。

《全国湿地保护规划（2022—2030年)》等一系列法律法规的实施将有力保障我国湿地保护中长期目标实现，推动湿地保护高质量发展，提高湿地生态功能和碳汇能力，是我国履行《湿地公约》、向国际社会贡献湿地保护中国智慧，展现负责任大国形象的有效途径。中国作为《湿地公约》常委会成员和科技委员会主席，深度参与公约事务和规则制定，广泛开展国际合作和交流，为全球生态治理贡献中国智慧和中国方案。

1.2 湿地的概念与类型

1.2.1 湿地定义

国际上对于湿地的定义争论不休。《湿地公约》给出的湿地定义为："Areas of marsh, fen, peatland or water whether natural or artificial, permanent or temporary, with water that is static or flowing fresh, brackish or salt, including areas of marine water the depth of which at low tide does not exceed six meters"。该定义具有法律意义的译文是："湿地是指天然或人造，永久或暂时之死水或流水、淡水、微咸或咸水，沼泽地、泥炭地或水域，包括低潮时水深不超过6m 的海水区"。

《湿地公约》给出的湿地定义包括非常广的区域和学术研究领域，如包括泥炭地、沼泽地和水域，还有低潮时水深不超过 6m 的海域。它既包括有没有出水与入水口的湖泊，内流或外流的河流，淡水、微咸水和咸水的水体，自然或人造的永久的或暂时的水域。几乎只要涉及水，无所不包，除外的仅是低潮时水深超过 6m 的浅、深海区域。

往前追溯，1954 年美国鱼类和野生动物保护协会在美国实地调查中用的定义，认为"湿地是指被浅水和有时为暂时性或间隙性积水覆盖的低地"。这些低地常以腐泥沼泽、灌丛沼泽、苔藓泥炭沼泽、湿草甸、塘沼、浅水沼泽、冰河泛滥地等名称为人们提及，浅湖或池塘则以具有挺水植物为显著特征。而这一定义中，没有提及河流和水溪，水库和深水湖泊。1956 年，美国进行湿地调查时启用了"wetland"一词。

1971 年 2 月，在伊朗拉姆萨尔（Ramsar），由苏联、加拿大、澳大利亚等 36 国召开的有关湿地的国际会议上，签署了《关于特别是作为水禽栖息地的国际重要湿地公约》，后被称为《拉姆萨尔公约》或《湿地公约》。这是湿地调查、研究、保护和监测的里程碑，也是近代人类对湿地的重新认识。拉姆萨尔公约起始于对水禽，特别是对候鸟栖息地的保护。基于此，《湿地公约》才给出了上述非常宽泛的定义。

1979 年，美国鱼类和野生动物保护协会经多年的考察与研究，又进一步提出湿地的概念与定义，认为"湿地是处于陆地生态系统和水生生态系统之间的转换区，通常其地下水位达到或接近地表，或者处于浅水掩盖状态"。"湿地必须具有以下三个特点之一以上的特征：（1）至少是周期性地以水生植物生长为优势；（2）地层以排水不良的水成岩为主；（3）土层为非土壤，并且在每年生长季的部分时间里被水浸或水淹。"

其后，中国、加拿大、英国、日本等国的科学家也相继提出了自己的看法。《中国自然保护纲要》中提到"现在国际上常把沼泽和滩涂合称为湿地"；王宪礼（中国科学院）和肖笃宁（中国科学院）则明确提出"湿地是否包含水体"和"什么样的水体可以视为湿地"等问题。目前我国关于湿地的含义及包括的范畴，总体而言比较一致的观点是"水体和陆地之间的过渡地段，具有特殊的生物群落"。

2021 年，生态环境部发布的《全国生态状况调查评估技术规范——湿地生态系统野外观测》（HJ 1169—2021）中定义湿地生态系统为"地表过湿或常年积水生长着湿地植物的生态系统"，并且根据 HJ 1169—2021 中生态系统分类体系，湿地生态系统的类型包括沼泽湿地、湖泊湿地和河流湿地。

1.2.2 我国湿地类型与数量

拉姆萨尔（Ramsar）公约联络处公布的湿地分类与目录，关于湿地的分类确认为海洋与海岸、内陆及人工湿地三大系列。海洋与海岸又分为海洋的、海口的与湖泊及沼泽的；内陆的又划分为河流的、湖泊的、沼泽的和地热的；人工的湿地则有淡、海水养殖，农业、盐业开发、都市和工业用湿地及蓄水池等各种类型。这一分类系统，它是首先按盐水还是淡水划分，然后按地理类型再分，然后考虑时间，最后出现的是景观类型。在这一系统中，划出了人工湿地，但它又与自然的海洋与内陆作为第三类被划分出来。

1999 年，我国国家林业和草原局为了进行全国湿地资源调查，参照《湿地公约》的分类将中国的湿地划分为近海与海岸湿地、河流湿地、湖泊湿地、沼泽与沼泽化湿地、库塘等 5 大类 28 种类型。

2000 年，国家林业局等单位发布的《中国湿地保护行动计划》提出了我国湿地类型主要为：沼泽湿地、湖泊湿地、河流湿地、浅海滩涂湿地及人工湿地五部分。

2022 年，张骁栋等对 IPCC 湿地分类、《土地利用现状分类》和《湿地分类》的对应关系做了分析并以形成清晰的关系图（见图 1-1）。

2014 年 1 月公布的第二次全国湿地资源调查结果显示，全国湿地总面积 5360.26 万公顷，湿地面积占国土面积的比率（即湿地率）为 5.58%。与第一次调查同口径比较，湿地面积减少了 339.63 万公顷，减少率为 8.82%。其中，自然湿地面积 4667.47 万公顷，占全国湿地总面积的 87.08%。与第一次调查同口径比较，自然湿地面积减少了 337.62 万公顷，减少率为 9.33%。

根据《湿地公约》定义，第二次全国湿地资源调查将湿地分为 5 类，其中近海与海岸湿地 579.59 万公顷、河流湿地 1055.21 万公顷、湖泊湿地

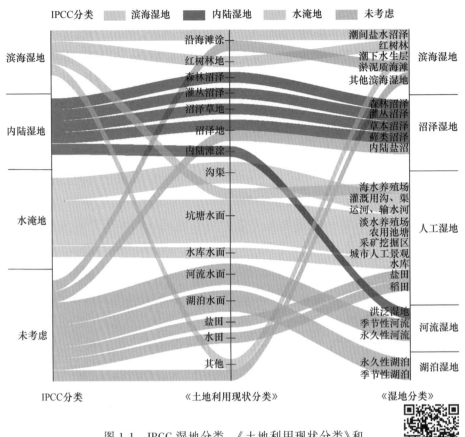

图 1-1 IPCC 湿地分类、《土地利用现状分类》和
《湿地分类》的对应关系

图 1-1 彩图

859.38 万公顷、沼泽湿地 2173.29 万公顷、人工湿地 674.59 万公顷。从分布情况看，青海、西藏、内蒙古、黑龙江 4 省、自治区湿地面积均超过 500 万公顷，约占全国湿地总面积的 50%。我国现有 577 个自然保护区、468 个湿地公园。受保护湿地面积 2324.32 万公顷。两次调查期间，受保护湿地面积增加了 525.94 万公顷，湿地保护率由 30.49%提高到现在的 43.51%。

2017 年 10 月至 2019 年 12 月完成的第三次全国国土调查（简称"三调"）及 2020 年度国土变更调查结果显示，我国湿地面积约 5635 万公顷，包括红树林地、森林沼泽、灌丛沼泽、沼泽草地、沿海滩涂、内陆滩涂、沼泽地、河流水面、湖泊水面、水库水面、坑塘水面（不含养殖水面）、沟渠、浅海水域等。同时，"三调"将湿地调整为与耕地、园地、林地、草地、水域等并列的一级地类，突出了对湿地的重视与保护。

1.2.3 湿地的特征

世界各地遍布湿地，湿地由咸水、盐水和淡水三种类型的水组成。湿地的主要类型有沼泽湿地、湖泊湿地、河流湿地、滨海湿地、人工湿地。亚类型包括洪泛平原、红树林、洼地等，泥炭地也被列为湿地的一种。湿地可以是非潮汐的，也可以是潮汐的。

许多湿地是水生生态系统和高地之间的中间区域，尽管有些湿地分散在景观中聚集水的高地洼地或地下水接近顶部表面的地区。湿地的水量在很大程度上取决于该地区的降水量。一些湿地被完全淹没，而另一些湿地则被季节性淹没，但在干旱期间土壤保持饱和。当湿地很少被淹没时，它们仍有能力提供饱和土壤，支持湿地适应植被和水文土壤特征生长。含水土壤的发育是由于与饱和程度延长有关的缺氧环境在土壤中发生了化学变化。

湿地最重要的部分概括起来主要有四个方面。

（1）湿地的水。包括水的资源量，水的质量和水的时空分布格局，它直接影响着国家及国民经济的发展。

（2）湿地中的生物。这也是拉姆萨尔公约保护水禽栖息地的重要目标。各种各样的生物，是地球上各生态系统中特别有意义的部分。不管是鱼类、两栖类、爬行类、鸟类、兽类，还是各种昆虫、大量藻类、菌类及各种高等植物，是湿地维持正常功能的基础。

湿地生物多样性是包括湿地内所有植物、动物、微生物物种及其所拥有的基因以及它们与生存环境形成的复杂的生态系统和生态过程。

（3）湿地的动态变化过程。泉、河、湖、海是永远相伴的系统，同样它也影响着土壤和生物，时时在发生变化，时时表达着特有的一系列陆地和水生态功能、物质的吸收和释放。生物的生长、繁殖和迁移随时影响着湿地，反映着地球生态系统的动态变化规律。

（4）湿地与人类密切关系。人对湿地的影响与湿地对人的影响都十分强烈。湿地生态系统具有生物多样性集聚的特点，它所独具的巨大的资源潜力和环境调节功能，对人类生存环境、资源利用和社会经济的可持续发展具有重要意义，该生态系统极具利用与保护价值。

1.3　湿地生态服务功能与植物资源

1.3.1　湿地生态服务功能

湿地是位于陆生生态系统和水生生态系统之间的过渡性地带，在土壤浸泡在水中的特定环境下，生长着很多湿地的特征植物。湿地广泛分布于世界各地，拥有众多野生动植物资源，与海洋、森林并称为地球三大生态系统。

据统计有植被生长的自然湿地、人工湿地、水稻田的面积仅仅占了全球植被覆盖土地面积的6%，但是初级生产力的贡献超过了全球陆地系统初级生产力的10%，总碳储量超过全球土壤的1/3，总甲烷排放量也超过全球排放的1/3。湿地拥有世界上近12%的碳池，在全球碳循环中发挥着至关重要的作用（国际气候变化专门委员会（IPCC），1996）。

湿地生态系统具有水域和陆地生态系统共同的特点，在调节气候、涵养水源、降解各种污染物、促进生物地球化学循环、提供生物栖息地、美化环境和维护区域生态平衡等方面有着其他生态系统所不能替代的重要作用，被誉为"地球之肾"。其主导生态服务功能也因湿地类型不同而存在差异，如发育在流域不同部位的湿地，其生态服务功能是不同的。

（1）独立的湿地，是水禽觅食及其筑巢的栖息地，提供陆地及湿地物种生境，缓冲洪水，有利于沉积物及营养物质吸收、转化及沉积，具有景观美学意义。

（2）湖滨湿地，除了具有上述作用外，还具有去除流域内流水体的沉积物和营养物功能，同时也是鱼类孵化产卵区。

（3）河滨湿地，除了具有独立湿地服务功能外，还具有沉积物控制、稳定河岸及洪水疏导功能。

（4）河口及近海和海岸湿地，除了具有独立湿地的服务功能外，还可提供鱼类、甲壳类动物栖息地及产卵区，提供海洋鱼类的营养物，防止风暴潮的侵蚀。

（5）岛屿湿地，提供沙生物种生境，防止高能波的侵蚀，具有景观美学意义。

（6）泥炭沼泽，特别是贫营养泥炭沼泽还有一种特殊功能，即防腐保鲜功能。埋没在泥炭层中人与动物的尸体能完好保存数百年，甚至数千年。泥炭中埋藏数千年的树木仍可制作家具。

最近几十年间，由于工业化的快速发展，世界各地的各类湿地资源均遭到了很大程度的破坏。目前各地已建立了快速评价湿地特征、生态健康状况和湿地总体状况的程序，并通过开展湿地功能和生态系统服务教育活动，在一定程度上提高了湿地保护水平。

1.3.2 我国湿地植物资源

我国位于欧亚大陆东部，东临太平洋，横跨温带、亚热带和部分热带地区，自然条件复杂，湿地分布广，是世界湿地植物种类和植被类型丰富的国家之一。根据全国湿地资源调查，我国湿地高等植物约 225 科 815 属 2276种，分别占全国科、属、种的 63.7%、25.6% 和 7.7%。全国湿地调查将全国的湿地植被划分为 7 组、16 个植被型、180 个群系。

湿地高等植物中，濒危种约有 100 种。如亚热带的水松，江南湿地的李氏禾，青藏高原湿地的芒尖苔草、西藏粉报草、斑唇马先蒿，三江平原的绶草、大花马先蒿，南部沿海红树林湿地的水椰、木榄、红榄李等都是濒危、渐危或稀有种。

列为国家一级重点保护的湿地野生植物有中华水韭、宽叶水韭、莼草、水松、水杉、长喙毛茛泽泻 6 种。

由于各植物带受区域自然地理条件的影响，湿地植物区系比较复杂。中国湿地植物归属于温带分布、泛热带分布、世界分布、中国特有、北极高山分布。

我国湿地植物中以温带成分为主，其属数和种数及所占比例均居首位，这些植物广泛分布在我国东北地区和青藏高原地区。

其次是世界分布，包括藓类中泥炭藓、水藓等，水生沉水植物金鱼藻、眼子菜、睡莲等，挺水植物芦苇、香蒲等，沼生植物如苔草等。泛热带分布如红树属、海漆属、海桑属等，分布于海南、广东、广西、中国台湾地区、福建等地沿海。

湿地中有分布广泛的广布种。广布种指普遍分布于世界，或几乎遍布世界的种。广布种主要属于淡水水生植物、盐生植物和伴生植物。前两大类多属于湿生植物，如挺水植物芦苇、宽叶香蒲、狭叶香蒲，浮生植物如浮萍（有 15 种），沉水植物如篦齿眼子菜、菹草、金鱼藻、轮叶狐尾藻、大茨藻、角茨藻、轮叶黑藻，沼生植物如莎草、蘑草、灯芯草等，均为世界广布种。

我国的第三纪孑遗木本植物水松和世界珍稀古老树种、白垩纪孑遗木本植物水杉这两个特有物种，水松只生长在东起福建、香港，向西至广西（临桂），北到江西庐山，南至广东茂名，主要分布在珠江三角洲一带，水杉分布在湖北省利川市，武汉市武昌区东湖。

北极高山分布，如杜鹃属、越橘属，常见我国东北山地落叶松泥炭沼泽中。

有学者按照湿地植物按其生活习性及生态环境，将湿地植物分为沉水植物、挺水植物、浮叶植物、漂浮植物、湿生植物、沼生植物。

沉水植物即沉水型水生植物，是指整个植株都生活于水里，以根固定在水底的泥土中，植物体全部被水浸没，仅在花期将花及少部分茎叶伸出水面的水生植物。虽然生活在海洋中海藻类也是沉水植物，但通常沉水植物仅指生长在淡水中的植物。

1.3.2.1　沉水植物

沉水植物（Submerged plants）通常生长在水深 2~3m 的水域，植物体的各部分都可吸收水分和养料，但是受到光线和水中溶氧量的限制，不能生长在太深的水底。此外，沉水植物的生长对水质有一定的要求，因为水质浑浊会影响其光合作用。沉水植物植株比较柔软，茎叶都沉在水面下生长。沉水植物茎的机械组织、角质层、导管等均不发达，但是通气组织特别发达，有利于其在水中缺乏空气的情况下进行气体交换。叶一般狭长，呈丝状、条状或片状，柔软、透明或半透明，叶边呈波浪形或深裂成细丝状，利于扩大叶表面积有效利用太阳光能，且方便水流通过。叶表皮上没有气孔，有完整的通气组织，能适应水下氧气相对不足的环境。叶片中叶绿体大而多，可充分吸收透入水中的微弱光线，能够在弱光条件下正常生长发育。沉水植物以无性繁殖为主。花小且花期较短，在水面或水下开花，但授粉在水面进行，果实在水下成熟。沉水植物因其在生长过程中会大量吸收水体中的氮、磷等营养物质，所以有计划地收割移除沉水植物，对缓解水体富营养化起到积极作用。沉水植物在维持湖泊的清水稳态中具有重要作用，随着沉水植物的消失，湖泊可从清水状态转化成浊水状态，称为稳态转化。湖泊生态修复的一个重要任务就是通过沉水植物的恢复将湖泊从浊水状态转变成清水状态。一般来说，内稳性低的沉水植物可以作为水生态修复的先锋物种。

常见种类有柳叶藻、金鱼藻、车轮藻、狸藻、眼子菜、菹草、苦草、水盾草、穗花狐尾藻、黄花狸藻、大茨藻等。

1.3.2.2 挺水植物

挺水植物（Emerged plants）是指植物的根、根状茎或地下茎生长在水底泥土中，茎、叶绝大部分挺出水面的植物。

挺水植物是水生植物的一类，常分布于 0~1.5m 的湖沼近岸浅水处，其中有的种类生长于潮湿的岸边。挺水植物挺出水面在空气中开花。挺水植物的根系较发达，且根系发育情形随种类而不同。多数植物具有球茎根状茎等地下茎的变态。茎高大挺拔，直立，常呈绿色，可进行光合作用；机械组织发达。茎中空，有条发达的通气管道。叶子绝大部分挺立水面，兼具中生和湿生植物的特征。挺水植物生长在空气中的部分，具有陆生植物的特征，能够耐受缺水的环境，它的结构和生态选择一般都会趋向于有利于缺水环境的方向发展。根系发达，常常肉质化，而且一般比主干要长很多，因为它要尽可能的吸取到地下很深处的水分。茎的木质部呈隔离状，为了储水，常常肉质化，含有大量的薄壁细胞。叶常常厚而小，气孔密度增加，表皮常有浓密的表皮毛或白色的蜡质，还有很发达的储水组织，肉质化，也常具有大量的厚壁组织。挺水植物生繁殖方式多样。花常开在水面之上，果实有多种类型和传播方式。

挺水型植物种类繁多，均为一年至多年生草本或半灌木，许多种类难与沼生植物严格界定。常见的有荷花、芦苇、水烛、慈姑、黄菖蒲、水葱、荸荠、再力花、梭鱼草、泽泻、茭（茭白）等。

1.3.2.3 浮叶植物

浮叶植物（Floating-leaved plants）是指叶浮于水面，植物的根、根状茎生于水底泥土中的水生植物。

浮叶植物种类不同，对水的深度适应范围较大，可生于浅水中，或者生长在较深的河川、沟渠、湖沼、池塘等水域环境。浮叶植物扎根水底，多有横走而发达的根状茎。纤细的根可吸收水中溶解的养分。根的通气组织发达，细胞间隙大且充满气体。浮叶植物水中的茎细长而柔软，茎干长度通常大于水的深度，在湖面受风浪等影响而产生水位变化的时候，就能使浮叶植物适应水位上升和下降的需要而上下浮动，并在这种水位经常会有所变化的环境中生存下来。当植株叶片生长过多过密时，则此较长的茎干可以使叶片向周围扩张，以获取足够的空气和阳光；水浅时，茎干会斜卧在湖底。浮叶植物维管束和机械组织比沉水植物发达。顾名思义，浮叶植物叶片漂浮于水面上。叶上表面暴露于空气中，常有蜡质和角质层，而下表面则与水面接触。叶一般呈卵形、圆形或椭圆形，能最大限度地保护叶片免受风浪的冲击。叶片上表皮有较多气孔，利于空气进出植株体内的通气组织。幼叶沉于水中，形成沉水叶；浮水叶密集于茎的顶端，叶柄具气囊。浮叶植物花有浮水与挺立水面两种形态，通常花大艳丽，观赏价值高。浮叶植物还可为池塘生物提供庇荫，并限制水藻的生长。浮叶植物一般以根茎繁殖。

常见种类有睡莲、王莲、芡实、萍蓬草、莼菜、蘋、浮叶慈姑、两栖蓼、菱属植物等。

1.3.2.4 漂浮植物

漂浮植物（Floating plants）又称浮水植物、完全漂浮植物，植物的根不生于水域底部泥土中，整个植物体漂浮于水面之上，随水流、风浪四处漂泊的一类植物。

漂浮植物喜欢生活在水中，整个植株都漂浮在水面上，根也在水里浸泡着。这类植物的根通常不发达，无根或有短根，无固定的生长地点，所以能随水漂移。也有一些漂浮植物，一旦水位过低时，根部就会固着在泥土中，但因根系不够发达，往往水位升高后，根部便会脱离土壤，植物体重回漂浮状态。漂浮植物体型较小，茎多退化，不甚明显。叶常有特化的漂浮结构，以聚集空气增加浮力。有些浮水植物叶柄（如凤眼莲）或叶背会膨大（如水鳖）形成特殊的贮气结构——气囊（气室），其细胞间隙较大，充满气体，既可减轻植株重量，增加浮力，也有助于保证气体交换，进行光合作用。此外，有些植物（如黄花水龙）能形成白色呼吸根，叶腋产生白色圆柱形海绵状浮器，老茎生则分化出泡沫塑料状充气组织，以增大浮力。漂浮植物有发育良好的通气组织，维管束和机械组织比沉水植物的发达。除了形成可增加浮力的特殊结构外，漂浮植物的叶片也有其他长期适应水环境的特殊构造。譬如，叶面很光亮以利于水迅速滑脱；水面下的叶子背部产生细小的根，或是形成变态叶，帮助吸收水中的养分并保持植物体平衡。叶面上有蜡膜，气孔位于叶片的上表皮。漂浮植物不喜欢急流瀑布等环境，多生长在池塘、湖湾、水田、湖沼或水流缓慢的河道。漂浮植物多数花较小，不结实，以无性繁殖为主。某些种类（如凤眼莲、大藻）的无性繁殖能力非常强，成为危害严重的湿地入侵植物。漂浮植物可为水面提供装饰和绿荫，同时又能遮蔽射入水中的阳光，抑制水体中藻类的生长。有些可用作饲料或绿肥，有较好的净化水质作用。

漂浮型水生植物种类较少，常见种类有槐叶蘋、满江红、黄花水龙、水鳖、大藻、凤眼莲、浮萍、紫萍、品藻、无根萍等。

1.3.2.5 湿生植物

湿生植物（Wetland plants）是指生长在各种过度潮湿、土壤含水量很高、空气湿度较大的环境中的一类陆生植物。湿生植物的根部既不能长期浸没在水中，也不能忍受较长时间的水分不足，根部只有在长期保持湿润的情况下，才能旺盛生长。它们只是喜欢生长在潮湿环境，如沼泽、河滩低洼地、山谷湿地、潮湿的森林下等。湿生植物的共同特点是器官发育出争取水分和防止蒸腾的结构。根系通常不发达，没有根毛，位于土壤表层，并且分枝很少。根与茎之间有通气组织，以保证取得充足的氧气，机械组织不发达，而输导组织较发达。由于适应阳光直接照射和大气湿度较低的环境，叶子大而薄，光滑而柔软，角质层很薄，保护组织发育差，细胞间隙大，海绵组织发达，细胞渗透压低，抗旱能力差。

湿生植物繁殖方式特殊而多样。花通常大而明显，多种传粉方式。果实类型多样，传播方式亦复杂。这类植物因环境中经常有充足的水分，没有任何避免蒸腾过度的保护性形态结构，相反却具有对水分过多的适应特征。根据实际的生态环境又可分为阳性湿生植物和阴性湿生植物两种类型。

（1）阳性湿生植物。主要生长在阳光充沛、土壤水分经常处于饱和状态的环境中或仅有较短干旱时期地区的湿生植物，如水松、小毛茛、灯芯草及莎草科、蓼科和十字花科植物等。适应土壤潮湿通气不良，故根系多较浅，无根毛，根部有通气组织，木本植物多有板根或膝根；由于地上部分的空气湿度不是很高，所以为防止蒸腾，叶片上会有角质层形成。

（2）阴性湿生植物。主要生长在光线不足，空气湿度较高，土壤潮湿环境下的湿生植物。如热带雨林中的各种蕨类、附生兰、万年青和秋海棠等。由于环境中水分充足，所以在形态和机能上就不形成防止蒸腾和扩大吸收水分的构造。

湿生植物在自然界具有特殊的生态价值，如一种盐地碱蓬可以使盐土脱盐，改善土壤结构，被誉为盐碱地改造的"先锋植物"。二色补血草和中华补血草等花期长，成片盛开时十分美丽壮观，特别适宜用作切花等。

湿生植物种类较多，常见的有井栏边草、湿地松、水杉、水松、鱼腥草、垂柳、枫杨、赤杨、江南桤木、冷水花、水蓼、茵茵蒜、落新妇、柳叶菜、泽星宿菜、通泉草、母草、半边莲、薄荷、玉簪、水蜈蚣、苔草属植物、芋、花蔺、谷精草、水竹叶等。

1.3.2.6　沼生植物

沼生植物（Marsh plants）是指生长于沼泽岸边地带、沼泽浅水中或地下水位较高的地表的植物，仅植株的根系及近于基部浸没水中，或仅根部生长在非常潮湿的泥泞土壤中，又名两栖植物。教科书上多将湿地植物分为水生植物、湿生植物和沼生植物。这个分类是有交集的，沼生植物特指沼泽地带生长的植物，既有水生植物也有湿生植物。从环境条件、生长状况及形态特征上来看，沼生植物属于水生植物和湿生植物的中间类型，可适应于不同的水分条件变化。

沼生植物常为多年生植物，多丛生，并且挺水植物居多，许多沼泽植物的地下部分都不发达，根系浅，常露出地表，沼生植物有通气组织（芦苇和苔草类、千屈菜）和呼吸根（水龙、落羽杉属），能在缺乏氧气的沼泽中生长。有些沼生植物具有生长不定根的能力，如圆叶茅膏菜，它们能从沼泽表面吸收养料和水分，以适应缺氧环境。贫养沼生植物对恶劣环境具有特殊的适应性，植物顶端具有不断生长的能力，如泥炭藓和桧叶金发藓。沼泽中还有一些捕虫植物，利用植物的腺体，消化动物的蛋白质，以弥补营养之不足。沼生植物地下茎常呈匍匐状，而与地面平行生长。植物体中有较发达的维管束和机械组织，体内薄壁组织和通气组织很发达。沼生植物叶较宽大，露出水面的叶表面常有角质层。有的具有水生植物的特征。高位沼泽植物具有旱生形态，如叶片常绿、革质、有绒毛、具有深陷的气孔等。这样可以防止水分过分蒸腾，也是对强酸性基质的适应。沼生植物繁殖方式多样。花通常大而明显，多种传粉方式。果实的类型及传播方式多样。

常见沼生植物有泥炭藓、木贼、蘋、落羽杉、三白草、盐角草、荷花、萍蓬草、石龙芮、杜香、越橘、秋茄树、水苏、水芋、石龙尾、陌上菜、挖耳草、鳢肠、小香蒲、黑三棱、野慈姑、绿穗苔草、鳞子莎、芦竹、卡开芦、水稻、茭白、白药谷精草、鸭舌草等。

1.4 湿地与碳达峰、碳中和

2018 年政府间气候变化专门委员会（Intergovernmental Panel on Climate Change，IPCC）发布了《全球 1.5℃增暖》特别报告，报告提及了"碳中和""净零排放""气候中和"，但是"近零排放"则在更早时间就被提出了。为降低以 CO_2 为主的温室气体排放总量，应对气候变化，目前全球已有多个国家做出"碳中和"承诺。

我国也于 2020 年 9 月 22 日在联合国大会上提出："CO_2 排放力争于 2030 年前达到峰值，努力争取 2060 年前实现"碳中和"。中国宣布"碳达峰""碳中和"目标愿景后，全球应对气候变化的热情被重新点燃起来，中国成为国际上低碳实践的创新者、引领者，国内各地各行业积极响应，吹响了全国行动的号角。这一目标愿景的提出是基于统筹国际国内两个大局的战略考量，是基于科学论证的国家战略需求提出的。实现这一目标，对于我国经济高质量发展，建设美丽中国，构建人类命运共同体都有非常现实和重要的意义。"碳中和"是指人为活动排放的 CO_2 对自然的影响，可以通过技术创新降低到可以忽略的程度，即产生的 CO_2 和清除的 CO_2 基本是平衡的。"碳中和"并不是要求绝对的净零排放，而是可以通过植树造林和一些积极的技术活动来抵消人类活动产生的 CO_2，达到相等的效果。

碳去除技术既包括自然碳循环的去除，如湿地管理的泥炭碳汇，也包括人为方式去除，如碳捕集利用与封存技术等。湿地拥有强大的碳汇功能。湿地中植物种类丰富，植被茂密，这些植物通过光合作用吸收大气中的二氧化碳，转化为有机碳。同时，随着植物根、茎、叶和果实的枯萎凋落，植物残体在湿地土壤中不断累积，缓慢分解，这样大量的碳就被"锁"在湿地中。尽管湿地占全球陆地面积的 5%～8%，碳储量却占陆地生态系统碳储存总量的 20%～30%。以泥炭湿地为例，泥炭从冰河时期便开始大规模积累，尽管初级净生产量较低，但碳的储量仍不断增长，与森林固碳有成熟期或碳饱和不同，泥炭湿地固碳是无限期的。它不仅能够吸收空气中的 CO_2，还能存储大量有机物质，因泥炭湿地的厌氧条件，极大地限制了营养物质的转化和有机物的分解，避免其中的碳以 CO_2 的形式回到大气中去。

全球湿地总体表现出碳汇特征。然而，湿地碳汇大小在不同区域或湿地类型间存在差异。从区域来看，热带湿地的碳汇速率最高，温带湿地次之，北方寒带湿地最低。从湿地类型来看，滨海湿地表现出较强的碳汇特征，而内陆湿地则呈现弱碳汇或碳中性。在全球变化背景下，湿地碳汇大小呈现明显的时间动态。全球和中国湿地生态系统碳密度和碳储量统计，详见表1-1。

表1-1　全球和中国湿地生态系统碳密度和碳储量[2]

研究区域	面积/km²	碳密度/t·(hm²)⁻¹			碳储量/亿吨			数据来源与方法
		植被	土壤	合计	植被	土壤	合计	
全球湿地	280×10⁴		722.9			202.4		文献数据整合
全球湿地	280×10⁴	20	723	743	5.6	202.4	208	文献数据整合
全球湿地							337	全球土壤图集（FAO）
全球湿地	175×10⁴						357	全球土壤数据库（WSR-SCS）
全球湿地							330	全球土壤数据库（WISE）
中位值							330	文献数据整合
中国湿地	22.5×10⁴	5.8~22.2	224.0~275.1	229.8~297.0	0.13~0.50	5.0~6.2	5.4~7.3[1]	第二次全国土壤普查+文献数据整合
中国湿地	53.4×10⁴	41	311.7	315.8	0.22	16.7	16.9	第二次全国湿地资源清查
中国湿地	21.4×10⁴		355.1			7.6		第二次全国湿地资源清查
中国湿地	72.8×10⁴		167.5			12.2		第二次全国湿地资源清查
中国湿地	24.5×10⁴		150.0			3.7		1:100万中国土壤数据库
中国湿地	38×10⁴		210.5~263.2			8~10		文献数据整合
中国湿地	35.2×10⁴		148.7			3.8		文献数据整合
中位值		9.1	236.9	289.6	0.27	7.6	11.6	文献数据整合

①包括水体碳库0.2亿~0.6亿吨。

②摘自杨元合等发表在《中国科学》的"中国及全球陆地生态系统碳源汇特征及其对碳中和的贡献"一文。

湿地不仅是生物圈中重要的碳汇，也是重要的甲烷（CH_4）排放源，占

全球 CH_4 总排放量的 20%~30%。因此,湿地作为 CO_2 和 CH_4 等温室气体固定与释放的重要场所,其高效的碳储存效率在土壤—大气圈的碳生物地球化学循环过程中扮演着重要角色。湿地碳汇与环境变化及人类管理方式均密切相关,提升湿地碳汇功能是我们实现"双碳"目标的重要途径之一。

湿地碳汇功能提升是基于保护和恢复湿地的措施来实现,具有多方面协同效益。例如,在青藏高原恢复沼泽地可提高生态系统的水源涵养力,在气候变化背景下增强青藏高原抵御极端干旱的能力;恢复的红树林和盐沼可增强沿海地区抵御风暴潮,缓解海水入侵;恢复河漫滩可增强河流调节洪水的能力,在极端降水时减弱和推迟洪峰;在城市和农村新建小微湿地,能调节区域气候、净化水质、创造优美景观等。然而,在新增和恢复湿地的过程中,有些提升碳汇功能的措施可能存在其他负面效应。例如,新增的湿地如果水域面积较大,那么可能反而增加了湿地的 CH_4 排放;滨海的光滩是迁徙候鸟的重要停歇和栖息地,如果为了提升碳汇而栽种植物,那么就减少了鸟类的适宜生境。因此,在实施湿地碳汇提升的过程中,必须统筹考虑湿地的整体生态功能,使碳汇功能与其他湿地功能的协同效应实现最大化,减少可能带来的负面影响。

综上所述,湿地碳汇提升技术是在恢复和新增湿地的过程中,采用有针对性的植物筛选与配置、水文调控、土壤底质改良等手段,使湿地固碳能力增强、碳排放减弱。基于已有的恢复和重建技术,科研人员已开始探索不同技术对碳汇功能提升的效果。然而,在国家的"双碳"目标下,这些技术的经济可行性、碳汇功能稳定性和可持续性以及在区域及全国范围的可推广性仍有待评估。还需要通过不断示范实践、加强监测评估,使湿地碳汇功能技术更加成熟、相关政策途径更加明确。

1.5 温室气体与微生物的"源"与"汇"

目前全球气候变暖的趋势引起了全世界各界人士的广泛关注。甲烷是继水蒸气和 CO_2 后最重要的人为温室气体,各类研究显示:其温室效应为 CO_2 的 20~30 倍,占总辐射量的 15%~20%,其对温室效应的贡献率高达 15%~20%。主要温室效应气体(二氧化碳、甲烷、氟氯烃化合物 CFCs 和一氧化亚氮 N_2O)的全球辐射强迫贡献度如图 1-2 所示。

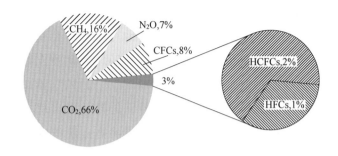

图 1-2 从前工业化时代到 2020 年，长寿命温室气体对全球辐射强迫的贡献

全球甲烷的排放量与消耗量在正常状况下是持平的，但是由于日益强烈的人为活动和生态环境变化的影响，甲烷浓度增长很快。大约 40%的甲烷是由自然来源（例如湿地和白蚁）排放到大气中的，约 60%来自人为来源（例如反刍动物、水稻农业、化石燃料开采、垃圾填埋场和生物质燃烧）。根据相关研究现场观测计算的全球平均 CH_4 在 2020 年达到了（1889±2）μg/L 的新高，较前一年增加了 11μg/L。这一增幅高于 2018～2019 年的 8μg/L 增幅，也高于过去十年的平均年度增幅。CH_4 的年平均增加量从 20 世纪 80 年代末的约 12μg/L 下降到 1999～2006 年的接近于零。目前，减少 CH_4 的排放成为减缓全球气候变化研究的热点，其中自然湿地应受到着重关注。

自然湿地作为最大的甲烷自然产生源，这与其长期在淹水环境下较低的氧化还原电位有关，在有植被的区域也与"湿地植物-微生物"的联合作用有关。在自然湿地的沉积物厌氧层中，生活着大量的产甲烷古菌，主要包括氢营养型、乙酸营养型、甲基营养型三大类产甲烷古菌。甲烷的产生主要包括四步：

（1）水解大分子和聚合物；

（2）发酵酸化；

（3）产乙酸作用；

（4）甲烷产生作用。

以 H_2+CO_2、甲酸、甲醇或者乙酸等作为底物，产甲烷古菌产生大量的甲烷气体。这些甲烷从沉积物中排放到大气中主要有三种途径：

（1）分子扩散和/或冒泡扩散；

（2）沉积物再悬浮；

（3）湿地植物通气组织。

其中湿地植物对甲烷排放到大气中起着重要作用，主要有三方面的功能：

（1）植物根系提供分泌液和有机物等碎屑，作为产甲烷底物的来源；

（2）发育发达的通气组织，提供了甲烷排放的导管；

（3）植物通过根系输送 O_2 到根际土壤，形成好氧环境，促进甲烷氧化菌氧化甲烷，减少了甲烷的实际排放量，或者抑制了专性厌氧的产甲烷古菌产生甲烷的速率，很大程度上控制了甲烷产生与排放的平衡。可见湿地植物对甲烷的产生、消耗、排放等过程起着重要的作用。

前人研究发现在人工湿地稻田里，水稻刺激水下土壤中甲烷的生成，但约90%的甲烷是通过水稻通气组织排向大气层，这个过程中水稻通气组织将大气中的 O_2 导入根系，形成局部的根系好氧区，使得利用甲烷和甲醇作为唯一碳源和能源的好氧甲烷氧化菌可以大量生长，将大部分甲烷氧化，最终只有23%的甲烷排入大气；而水田杂草植物根系一方面没有促进甲烷的生成，另一方面比水稻根系具有较高的氧传输效率，导致杂草根系氧化还原电位更高，好氧甲烷氧化菌氧化活性增强，最终95%的甲烷被氧化，其余少量排放到大气中。可见，湿地植物根圈好氧甲烷氧化菌作为甲烷主要的生物汇，对减少甲烷排放，减缓地球暖化起着重要作用。植被区湿地中甲烷的产生、氧化和排放途径如图 1-3 所示。

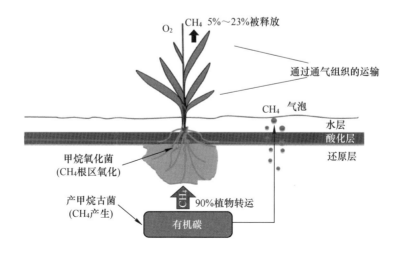

图 1-3　植被区湿地中甲烷的产生、氧化和排放途径

1.6　湿地植物与碳氮功能菌群

由于过量氮、磷的排入、积累，全球主要水体的富营养化问题日益严重。控制富营养化和改善水质一直都是全球的挑战。由于经济的快速发展和废水的无序排放，我国富营养化问题已经成为严重的环境威胁。

众所周知，水生植物通过去除水体、沉积物中过量的氮、磷、重金属、COD、有机污染物等，在提高水体质量方面具有重要作用。很多研究显示，这些净化效果主要归功于水生植物关联的微生物。芦苇（*Phragmites australis*），香蒲（*Typha angustifolia*），蔗草（*Scripus triqueter*）是三种常见的湿地植物，广泛分布于全球，且可以调节甲烷从湿地排放到大气中。

一些研究表明，甲基营养菌和其他细菌生活在芦苇和香蒲的根系，参与了湿地系统中碳氮循环，对水体起到净化效果。由于常规的 *nirS* 和 *nirK* 基因的引物对检测环境中多样化的反硝化菌，具有很大的局限性，有些类群根本无法检测到。2015 年，Wei 等设计了 *nirS* 基因特异的引物 nirS2CF/nirS2CR 来检测湿地环境中 Type I 好氧甲烷氧化菌群的生态分布，这暗示自然环境中可能存在碳氮转化功能菌群。但是根系关联的好氧甲烷氧化菌的丰度、群落结构，它们是否具有脱氮的基因潜力及脱氮基因的多样性，它们在根系组织中的分布等尚不清楚，有待于更深入的研究，进而揭示脱氮甲烷氧化菌与湿地植物的共生关系，提供了富营养化湖泊生物治理的理论依据。

可见，自然湿地植物根圈碳氮功能菌群，包括好氧甲烷氧化功能菌群和末端脱氮反硝化菌群的群落组成、分布特征、数量、功能等相关内容都值得关注。这对湿地营养元素循环、温室气体减排、水体氮污染去除等，具有重要的研究价值和应用潜力。

1.6.1　甲烷氧化菌

环境中存在两类截然不同的甲烷氧化菌，好氧甲烷氧化菌和厌氧甲烷氧化菌，二者都对 CH_4 的减排和碳素循环具有重要作用。

好氧甲烷氧化菌（Aerobic methanotrophs）是可以用甲烷作为唯一的碳源和能源的一类甲基型营养细菌（Methylotrophic bacteria），在甲烷单加氧酶（Methane monooxygenase，MMO）、甲醇脱氢酶（Methanol dehydrogenase，

MDH)、甲醛脱氢酶（Formaldehyde dehydrogenase，FADH）和甲酸脱氢酶（Formate dehydrogenase，FDH）的作用下，完成甲烷→甲醇→甲醛→甲酸的逐步转化，最后生成 CO_2 和 H_2O，如图1-4所示。

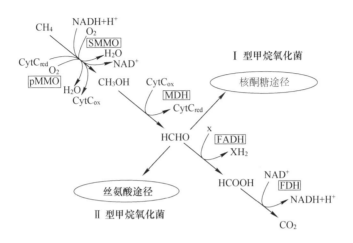

图1-4 好氧甲烷氧化菌的甲烷氧化和甲醛同化途径

1.6.2 好氧甲烷氧化菌的发现与分类

1906年，好氧甲烷氧化菌首次被 Sohngen 分离出来。1970年，Whittenbury 等对已有的100多种好氧甲烷氧化菌进行了分类，在 Whittenbury 等的基础上，Bowman 等对更多的甲烷氧化菌进行了更加系统的分类和描述。随着分子生物学技术快速发展，新的甲烷氧化菌的发现非常可观，但是曾经的分类方法至今都是鉴定甲烷氧化菌强有力的依据。

基于系统发育学和生理学差异，好氧甲烷氧化菌属于变形菌门（Proteobacteria）和疣微菌门（Verrucomicrobia），见表1-2。其中，疣微菌门（Verrucomicrobia）菌群主要发现于地热环境中酸性甲烷氧化菌，被命名为甲基嗜酸菌属（Methylacidiphilum）；而变形菌门甲烷氧化菌分为两大类，Ⅰ型（TypeⅠ）和Ⅱ型（TypeⅡ）甲烷氧化菌。其中 TypeⅠb 好氧甲烷营养菌，是一类耐热的甲烷氧化菌，其生长温度高于 TypeⅠa 和 TypeⅡ甲烷氧化菌，有着独特的系统发育特征。*Crenothrix polyspora* 和 *Clonothrix fusca* 两种丝状甲烷氧化菌，形成了 TypeⅠ甲烷氧化菌独特的一个分支。

表 1-2 好氧甲烷氧化菌分类

类 型	门（纲）	科	属（种）
Ⅰa 型 （Type Ⅰa）	γ-Proteobacteria （γ-变形菌纲）	Methylococcaceae （甲基球菌科）	Methylomonas（甲基单胞菌属） Methylobacter（甲基杆菌属） Methylomicrobium（甲基微菌属） Methylosoma（甲基盖亚菌） Methylothermus（甲基热菌属） Methylohalobius（甲基盐菌属） Methylosarcina（甲基八叠球菌属） Methylosphaera（甲基球形菌属） Methylovulum（甲基卵菌属） Crenothrix（细枝发菌属） Clonothrix（泉发菌属）
Ⅰb 型 （Type Ⅰb 又称为 Type X）	γ-Proteobacteria （γ-变形菌纲）	Methylococcaceae （甲基球菌科）	Methylococcus（甲基球形菌属） Methylocaldum（甲基暖菌属） Methylogaea（甲基盖亚菌）
Ⅱ型 （Type Ⅱ）	α-Proteobacteria （α-变形菌纲）	Methylocystaceae （甲基孢囊菌科）	Methylocystis（甲基孢囊菌属） Methylosinus（甲基弯曲菌属）
		Beijerinckiaceae （拜叶林克氏菌科）	Methylocella（甲基细胞菌属） Methylocapsa（甲基帽菌属） Methyloferula（未分类的甲烷氧化菌）
其他 （Others）	Verrucomicrobia （疣微菌门）	Verrucomicrobiaceae （疣微菌科）	Methylokorus infernorum （未分类的嗜酸甲烷氧化菌） Acidimethylosilex fumarolicum （未分类的嗜酸甲烷氧化菌） Methyloacida kamchatkensis （未分类的耐热耐酸的甲烷氧化菌）

1.6.3 好氧甲烷氧化菌的生理生化特性

好氧甲烷氧化菌主要存在于甲烷与氧气共存的微小界面空间，包括水-空气界面、土壤-空气、植物根际土以及植物根系、茎内部。温度、溶解的营养元素如 Cu、硝酸盐、铵盐、氧含量等显著影响着不同类群的好氧甲烷氧化菌的相对分布和活动。Type Ⅰ 甲烷氧化菌在不断变化的环境条件下，以快速繁殖（r-策略）获利，而 Type Ⅱ 甲烷氧化菌则保持相对稳定的丰度分布（k-策略），特别是在高浓度的 CH_4 环境中。随着近年来现代分子生物学技术和各种精密仪器设备的快速发展，各种环境下的好氧甲烷氧化菌多样性、数量、生态类群、基因潜力、相关功能的研究不断获得新的突破。不同类型的好氧甲烷氧化菌的主要生理生化特征详见表 1-3。

表 1-3　好氧甲烷氧化菌的细胞形态、结构及生理生化特征

项　　目	Proteobacteria（变形菌门）			Verrucomicrobia（疣微菌门）
	Type Ⅰ	Type Ⅱ	Type X	
生理生化				
生长温度范围/℃	0~72	2~40	20~65	37~65
生长 pH 值范围	4~9.5	4.2~9.0	6~8.5（Methylocaldum）甲基暖菌属	0.8~5.8
G + C 含量范围（摩尔分数）/%	43~62.5	60~67	59~66	41~46
休眠形式	有时为囊孢	有时为外生孢子/囊孢	有时为囊孢	
甲醛同化途径	核酮糖单磷酸途径	丝氨酸途径	核酮糖单磷酸途径；有时为丝氨酸途径	丝氨酸通路的变体
核酮糖 1,5-二磷酸羧化酶通路	否	否	是	是
主要为磷脂脂肪酸	14：0，16：0，16：1ω7c，16：1ω5t	18：1ω8c，18：1ω7c，16：1ω8c	16：0，16：1ω7c	114：0，a15：0，18：0
颗粒性甲烷单加氧酶	+	+/-[①]	+	+
固氮作用	否	是	是	是
形态与结构				

项　　目	Proteobacteria（变形菌门）			Verrucomicrobia（疣微菌门）
	Type Ⅰ	Type Ⅱ	Type X	
细胞形状	短杆状，多为单个；球菌或椭圆体	（新月形）杆状，梨形细胞，有时呈莲座状	球菌，通常成对出现	
胞质内膜排列方式（Type Ⅰ 胞内膜成束分布/ Type Ⅱ 平行延伸在细胞壁周围）	成束的囊泡盘	甲基帽菌属：沿着细胞包膜的一侧平行排列。甲基细胞菌属：连接到细胞质膜的囊泡膜系统	成束的囊泡盘	类羧基结构，囊泡膜，管状膜

①Methylocella 甲基细胞菌属和 Methyloferula 未分类的嗜酸甲烷氧化菌中没有颗粒性甲烷单加氧酶。

同时还存在一些特殊的发现：Ⅰ型甲烷氧化菌的优势脂肪酸是 14C 和 16C，而Ⅱ型甲烷氧化菌的优势脂肪酸是 18C，但 *Methylocystis heyeri*（Ⅱ）、*Methylohalobius crimeensis*（Ⅰ）和 *Methylothermus thermalis*（Ⅰ）同时含有相当比例的 16C 和 18C 两种脂肪酸。

1.6.4　好氧甲烷氧化菌的功能酶及功能基因

好氧甲烷氧化菌中非常重要且关键的酶——甲烷单加氧酶（MMO），可以氧化甲烷为甲醇，此外，该酶还可以氧化芳香族化合物、烷烃、烯烃、醚类，甚至铵盐。有两种甲烷单加氧酶，一种是可溶性甲烷单加氧酶（soluble methane monooxygenase，sMMO）主要分布于细胞质中；另一种是颗粒性甲烷单加氧酶（particulate methane monooxygenase，pMMO），主要分布在细胞膜上，Cu^{2+} 是该酶表达的重要元素，含有该酶的甲烷氧化菌有更高的生物量和甲烷亲和力。细胞中高浓度的 Cu^{2+} 浓度可抑制 sMMO 基因的转录，Cu^{2+} 浓度低于 $0.8\mu mol/L$，sMMO 可以表达；Cu^{2+} 浓度大于 $4\mu mol/L$，sMMO 停止表达，而 Cu^{2+} 浓度的升高可以促进 pMMO 基因的转录。

甲烷氧化菌的功能基因包括 *pmoA*（编码 pMMO 的一段基因），存在于除了 Methylocella 甲基细胞菌属和 Methyloferula 未分类的嗜酸甲烷氧化菌属以外目前已知的所有好氧甲烷氧化菌中；*mmoX*（编码 sMMO）存在于一些 Type Ⅱ 甲烷氧化菌中，如 *Methylosinus* sp. 和几种 Type Ⅰ 甲烷氧化菌中，如

Methylomonas sp. 和 *Methylomicrobium* sp.；*mxaF*（编码甲醇脱氢酶，MDH），存在于所有已知的甲基营养菌中，不仅限于甲烷氧化菌，其主要功能是氧化甲醇为甲醛。其中 *pmoA* 基因高度保守，作为功能生物标记物来检测变形菌门好氧甲烷氧化菌，但是却不能检测一些疣微菌门和 Crenothrix 属的甲烷氧化菌。在两种丝状甲烷氧化菌 *Crenothrix polyspora* Cohn 和 *Clonothrix fusca* Roze（属于 Type I）中发现不寻常的甲烷单加氧酶，以 RuMP 和 Serine 两种途径交替进行甲醛的同化，但发现在分层湖泊中的 Crenothrix 拥有传统的甲烷单加氧酶。可见甲烷氧化具有更复杂的机制和更广泛的特征。

好氧甲烷氧化菌除具有与碳循环相关功能基因外，也具有氮循环相关功能基因。Holmes 等研究表明 *pmoA* 基因序列与 *amoA*（编码氨氧化单加氧酶，AMO）基因序列具有相似的进化关联，使得大部分好氧甲烷氧化菌通过 pMMO 氧化铵态氮；此外，pMMO 和 AMO 在还原、抑制、活性位点方面具有相同的属性，导致甲烷和氨氧化具有相似的途径。此外，利用 *nirS*、*nirK* 亚硝酸盐还原基因来研究天然湿地、湖泊、水田等环境中一些 Type I 甲烷氧化菌。*nifH* 固氮基因也用来研究所有 Type II 甲烷氧化菌和 Methylomonas 甲基单胞菌属、Methylobacter 甲基杆菌属和 Methylococcus 甲基球形菌属等 Type I 甲烷氧化菌。

1.6.5 好氧甲烷氧化菌群参与碳氮循环

至今为止，关于自然湿地水体、沉积物和稻田的甲烷排放或甲烷氧化等，以及 Type I 和 Type II 甲烷氧化菌的检测，有很多报道。但关于湿地植物根圈，尤其是根系甲烷氧化菌的研究相对少，目前主要集中于水稻上。Lüke 等的研究结果显示，甲烷氧化菌在水稻根里的存在与水稻品种和种植的地理位置无关，但也有研究显示不同水稻品种根际甲烷氧化菌的数量不同，影响了甲烷排放。Eller 等发现水稻根系以 Type I 甲烷氧化菌为优势类群，根际土壤以 Type II 甲烷氧化菌为优势类群，这种分布差异可能与根际和根内 O_2 与 CH_4 浓度不同有关，但有研究利用 DNA 稳定同位素标记（DNA stable isotope，DNA-SIP）技术证明 Type II 甲烷氧化菌是水稻根甲烷氧化活性的优势菌群。由于实验技术、根圈样品分离效果的差异，以及水稻品种的差异等，水稻根圈甲烷氧化菌的分布特征还需要更多的研究去揭示。

自然湿地中分布很多挺水、浮水和沉水植物，例如芦苇、香蒲、藨草、水葱、水问荆、睡莲、龙须眼子菜等，具有发达通气组织，这些植物甲烷的排放与水稻排放途径类似。那么，这些自然湿地植物根圈是否也存在大量的甲烷氧化菌呢？Calhoun 等通过 NMS 和 AMS 培养基在三种常见的自然湿地挺水植物梭鱼草（*Pontederia cordata*）、黑三菱（*Sparganium eurycarpum*）、宽叶慈姑（*Sagittaria latifolia*）的根系分离到了 Type Ⅰ 和 Type Ⅱ 甲烷氧化菌。Fausser 等通过普通光学、透射电子显微镜和免疫荧光标记甲醛脱氢酶功能基因（*mxaF*）来观察宽叶香蒲和芦苇根面生物膜中微生物的超微结构，证明了根面生物膜中的甲烷氧化菌的存在。Duan 等对中国西部干旱区内蒙古乌梁素海湿地甲烷通量做了原位研究，发现挺水植物（芦苇）甲烷排放远远高于浮水植物或沉水植物（睡莲、眼子菜），这种差异可能与季节有关；Heilman 等通过特异的甲烷氧化抑制试验的应用，揭示了沉水植物甲烷排放的减少可能与根系附生的甲烷氧化菌的活动有关。但是上述的研究都没有对植物根圈甲烷氧化菌的群落组分进行具体研究。那么，自然湿地植物根圈甲烷氧化功能菌群组分有什么特征？数量有多少呢？优势种是什么？是否存在植物种类差异呢？均有待进一步的研究。

好氧甲烷氧化菌在全球碳氮循环之间形成一个重要的桥梁，且二者之间的关系受到氮沉降和氮缺失的很大程度的影响。Bao 等通过两年的研究首次发现，在接近自然条件的未使用氮肥水田里水稻共生基因 *OsCCaMK*（CSP 的主要共生基因之一）的存在使水稻根圈甲烷氧化与固氮活性增加致使水稻甲烷排放减少，植物生物量增加，而这个过程可能是与甲烷氧化菌的量增加有关。有报道显示，大部分 Type Ⅱ 和少量 Type Ⅰ 甲烷氧化菌的分离株具有固氮功能基因（*nifH* 等），并有固氮活性。但在野外样品中甲烷氧化菌对甲烷氧化和固氮作用的相关研究没有报道。Bao 等利用宏蛋白质组联合酶联荧光原位杂交技术（Catalyzed reporter deposition fluorescent in situ hybridization，CARD-FISH），经过进一步的研究，首次揭示了长期氮肥未使用的水稻根系表皮及维管束周围的 Type Ⅱ 甲烷氧化菌对甲烷氧化与固氮过程起关键作用。但是甲烷氧化菌的甲烷氧化与固氮作用耦合机制仍不清楚。另外一些报道显示，Type Ⅰ 甲烷氧化菌是水生植物表面的主要类群。此外，一些 Type Ⅰ 甲烷氧化菌的分离株具有脱氮基因（*nirS* 或 *nirK*），并在甲烷氧化的同时具有脱氮活性，且为不完全脱氮。有意思地是，通过基因组分析，发现新奇的 Type Ⅰ 甲烷氧化菌 Crenothrix 具有 *nirK* 基因，也有脱氮活性。Type Ⅰ 甲烷氧化菌在高氮环境中占主导地位，可以氧化铵或者氨氧化的产物（NH_2OH、NO、NO_2^-），导致 N_2O 的释放，这也是好氧甲烷氧化菌显著影响环境中氮代谢的一种方式。

1.6.6 厌氧甲烷氧化菌群参与碳氮循环

厌氧甲烷氧化菌不同于好氧甲烷氧化菌，主要发现于海底沉积物、运河底泥、泥炭地、水稻田等缺氧的自然环境中。Reeburgh 等发现，在海洋沉积物的缺氧层中甲烷的含量急剧下降，而在含氧层中却没有甲烷消耗，甲烷的减少只可能是厌氧消耗造成的，首次证实了甲烷厌氧氧化反应的存在。在厌氧条件下，当甲烷为唯一的电子供体，并有合适的电子受体，如 SO_4^{2-}、Mn^{4+}、Fe^{3+}、NO_3^- 存在时，甲烷氧化菌可以将甲烷氧化为二氧化碳。甲烷的厌氧氧化（Anaerobic oxidation of methane，AOM）是减少甲烷的主要途径之一，每年有 0.3Gt（$1Gt = 10^{15}g$）的甲烷经厌氧反应而被消除。进一步的研究结果显示，将近 90% 在海洋沉积层产生的甲烷是在厌氧环境中被消耗的，而且主要贡献者是以亚硝酸盐为电子受体的厌氧甲烷氧化菌。2006 年，Raghoebarsing 等发现了依赖于亚硝酸盐的厌氧甲烷氧化过程的富集培养物（Nitrite-dependent anaerobic methane oxidation，N-DAMO）。该过程对于碳和氮循环提供了很独特的联系，在自然生态系统中是一个不容忽视的甲烷的生物汇。厌氧甲烷氧化反硝化过程是由 "*Candidatus Methylomirabilis oxyfera*"（*M. oxyfera*）这类细菌介导的，隶属于 NC10 门。目前，从自然的很多环境中富集到了 *M. oxyfera* 的培养物，例如有运河底泥、沟渠底泥、泥炭地、水稻田等。有关厌氧甲烷氧化反硝化微生物的研究主要集中在富集培养物的微生物组成，特别是富集培养物中 *M. oxyfera* 的微生物特性以及富集培养物的脱氮性能等方面。已提出的有关微生物厌氧甲烷氧化反硝化过程发生的微生物学机理主要有两种：一种是 Raghoebarsing 等于 2006 年提出的逆向产甲烷途径耦合反硝化作用，即古菌经逆向产甲烷途径氧化甲烷后提供电子给细菌完成反硝化作用；另一种是新型内部好氧的亚硝酸盐依赖厌氧甲烷氧化机理，2010 年由 Ettwig 提出。目前，第二种机理似乎更受认可。据 Ettwig 等 2009 年的研究，将 *M. oxyfera* 菌主要分为两类 group A 和 group B。目前，group A 在很多环境中得到富集培养物，暗示着 group A 菌在 N-DAMO 过程中是主要的功能菌。至今，对于 group A 和 group B 的区分没有明确的界限。依据已有的研究，发现 group A 菌的 16S rRNA 与 *M. oxyfera* 菌的相似度大于 94.0%，而 group B 却小于 94.0%。

依据已报道的 *M. oxyfera* 菌的富集条件和自然环境中的分布，影响厌氧甲烷氧化菌的氧化反应的环境因子主要有温度、氧气、硝酸盐/亚硝酸盐、甲烷/有机质、盐度等。随着全球氮污染的加剧，N-DAMO 氧化反应是一个非常重要的甲烷和硝态氮的生物汇。目前，在自然环境中 M. oxyfera-like 菌的生态分布及 N-DAMO 过程对厌氧甲烷氧化的相对贡献受环境因子的显著影响，然而，这二者之间的相关性还了解甚少，需要更多深入的研究。

1.6.7　反硝化菌群

全球氮素循环主要包括微生物参与的固氮、氨氧化、硝化及反硝化过程。其中，固氮过程的关键酶为固氮还原酶（Nitrogenase reductase，NifH）；硝化过程包括氨氧化过程的关键酶有氨单加氧酶（Ammonia monooxygenase，AMO）和羟胺氧化还原酶（Hydroxylamine oxidoreductase，HAO）等；反硝化脱氮包括硝酸盐还原酶（Nitriate reductase，Nar）、亚硝酸盐还原酶（Nitrite reductase，Nir）、一氧化氮还原酶（Nitric oxide reductase，Nor）和一氧化二氮还原酶（Nitrous oxide reductase，Nos）4 类酶。由 *nirS* 和 *nirK* 基因编码的亚硝酸盐还原酶可以催化 NO_2^- 为 NO，通常将 *nirS* 和 *nirK* 基因作为生物标记来研究反硝化菌群在不同环境中的生态分布和相关功能。分类学上不同的微生物很多都具有反硝化功能基因及反硝化能力，且一些表现为完全反硝化（终产物为 N_2），另一些表现为不完全反硝化（终产物为 NO 或/和 N_2O）。

N_2O 是另一种温室气体，其温室效应是 CO_2 的 298 倍，对臭氧层有巨大的破坏性，受到广泛关注。反硝化过程是产生 NO 和 N_2O 的重要途径，硝化过程、硝态氮异化还原成铵的过程也产生 NO 和 N_2O。旱地农田、水田等是 N_2O 和 NO 的重要排放源，类似于水田环境，自然湿地的释放也不容忽视，尤其是富营养化的湖滨带湿地，被认为是 N_2O 释放的"热点"区域。湖滨带湿地植物关联的反硝化菌群目前了解较少，但是这对全面了解水生植物，尤其是挺水植物在湿地水质净化中的作用非常有必要。

由 *nosZ* 基因编码的氧化亚氮还原酶（N_2OR）能将氧化亚氮（N_2O）转化为氮气（N_2），而且研究发现，没有 *nosZ* 基因，N_2O 将不能被还原。*nosZ* 基因是其 *nos* 基因簇中最大的结构基因。这个基因簇包括 6 个基因：*nosL*，

$nosY$，$nosF$，$nosD$，$nosZ$，$nosR$。然而，这个控制末端脱氮的 $nosZ$ 功能基因，在很多反硝化菌中没有，如 Jones 等发现 $nirS$ 型反硝化菌通常含有 $nosZ$ 基因，而在 $nirK$ 型反硝化菌没有，这就存在了一些不完全脱氮的反硝化菌，可能需要其他类群的微生物来参与最终的脱氮。

近年来发现了新型的 $nosZ$ 型微生物，其中一些不含有 $NapA/NarG$，$nirS/nirK$，$NorCB$ 等其他的反硝化功能基因，即不能将 NO_3^- 还原为 N_2O，但却可以还原 N_2O 为 N_2，这一类微生物被称为非典型 $nosZ$ 型或者 $nosZ$-Ⅱ型微生物，有些比传统 $nosZ$ 型或者 $nosZ$-Ⅰ型反硝化菌具有更高的 N_2O 还原潜能。在氮素营养较丰富的环境中，土壤、污水、富营养化湖泊水体等，研究两类含有 $nosZ$ 基因的微生物对于 N_2O 的转化都具有重要的意义。

2 湿地植物与温室气体

2.1 湿地植物的概念与特征

2.1.1 概念与特征

湿地植物没有明确的定义，过去有关这方面的名词，多用水生植物、沼生植物、草甸植物概括，其实它们也没有十分严格的含义。什么是湿地植物，这比水生、沼生、草甸等名称更难确定它的定义。从词面上讲，湿地植物应当是生于湿地的植物。过去有过用生态类型划分的方法，出现过湿生植物的名词。但湿生植物与湿地植物是不同的概念，如果把湿生植物等同于湿地植物，其范围就会大得多。应当说湿地植物还是应与它的生活型、分布范围和功能统一起来考虑，这样比较确切一点。湿地植物是一类适应于湿地环境的植物，它具有生存于湿地的特征，根系耐水浸泡，植物的结构及生理上有一套适宜于湿地生态要素的机制，具有分布于湿地范围的定居、繁殖的规律，并为湿地生态系统提供服务和参与生态系统运行的功能。

湿地植物的特征：

（1）植物本身全部或部分适宜生存在水的淹没或超饱和水的土壤之中，根系或全部植物对空气的需求，可以被限于在水中空气所特有的含量。

（2）植物的结构，特别是叶的结构，可以出现叶柄膨大，叶片膨大变厚，气囊状的储存空气的组织结构，保持植物足够的气体需求，并具有在水中漂浮的能力。

（3）叶的气孔都存在于与空气接触的一面，大多具有较厚的蜡质层，叶片结构中海绵组织发达。

（4）有些植物的叶形具有巨大变化，如在水中变成丝状，以增加叶片在水中与气体的接触面。

（5）盐生沼泽，由于水中有盐分，植物具有耐盐的形态结构及生理功能。植物叶片有泌盐的结构，红树林植物，还有果先落地前萌发（"胎生"现象），具有抗浪抗风的支柱根，淤泥中的气生根等现象，生理特征更为特殊。

具有特别外形或构造的湿地植物是较为确定的，但外形或生境变化不大，主要反映在对湿地环境的生理适应性上的湿地植物的划定就非常困难。在这种情况下，对湿地植物的划分，主要还只能依靠分布湿地的区域，"生长和分布于湿地"是划分湿地植物的标准。

2.1.2 湿地植物的适应性

湿地植物具有广泛的适应性，在不同的海拔、不同的经纬度、不同的光照条件下都有湿地植物存在。但与所有生物一样，尽管有广泛的适应性，但也具有一定局限性。对于生态因素，几乎没有一种生物没有适应范围，仅仅是这种范围的宽窄不同而已。

湿地植物对水的适应性，实际上包含着对水环境的各要素的适应，如对光照的适应，对温度的适应。水中的光照强度、光质都有其特殊性，可惜至今还少见这方面的报道。水的温度比陆地变化要小，这是水体的特别之处。一般来说陆地温度的变化对水的影响要慢，陆地升温时，水的温度上升不可能立即反映，陆地降温时，水的温度下降也较滞后，而且升、降温都有限度，不可能与陆地温度完全一样。尽管这样，在各水体之间差别却并不大。只有一种情况不同，即盐水，随着盐碱程度的不同，对光照和温度及其变化也有明显的不同。

不同海拔高度，水的理化特性也是不同的。高山湖泊中，水的温度、光照与低海拔陆地上的湖泊中的水有明显的不同。海水属另一系统，许多环境因素都需要监测和分析，这是对湿地植物适应性的具体研究。

对水生植物（淡水），几乎所有涉及它的文献都提出有挺水、漂浮、沉水三类生存环境。也有比较细致的分类，将湿地植物按其生活习性及生态环境，分为了沉水植物、挺水植物、浮叶植物、漂浮植物、湿生植物、沼生植物。

《中国湿地及其植物与植被》（田自强）对我国湿地的植被资源和类型及其分布特征做了非常详细的介绍与对比分析，本书做了重要参考。

2.2 我国湿地植物资源

2.2.1 我国湿地植物种类和数量

我国湿地面积辽阔，且湿地的植被种类繁多，资源丰富。据第二次全国湿地资源调查结果统计，湿地植物中拥有高等植物共 3 门 239 科 1255 属 4220 种，湿地植被 483 个群系；其中国家 I 级保护野生植物 6 种，国家 II 级保护野生植物 20 种。

湿地的珍稀濒危植物种类较少，但对它们的认识还在不断加深，目前认可的植物中，I 级保护的为 7 种，II 级保护的为 22 种，如表 2-1 所示。在认定珍稀濒危植物方面，湿地还有需要进一步分析和研讨的植物群体。

表 2-1 我国湿地保护植物列举

物种名称	拉丁文	保护级别
水韭	*Isoetes japonica* A. Br	I 级
中华水韭	*Isoetes sinensis* palmer	I 级
台湾水韭	*Isoetes taiwanensis* Devol	I 级
水松	*Glyptostrobus pensilis*	I 级
水杉	*Metasequoia glyptostroboides*	I 级
毛茛泽泻	*Ranacisma rostratum*	I 级
莼菜	*Brasenia schreberi*	I 级
荷叶铁线蕨	*Adiantum reniforme* L. var. Sinense	II 级
水蕨	*Ceratopteris thalictroides*	II 级
浮叶慈姑	*Sapittaria ratans*	II 级
盐桦	*Betula halophila*	II 级
普陀鹅耳枥	*Carpinus putoensis*	II 级
拟花蔺	*Butomopsis latifolia*	II 级
药用野生稻	*Oryza officinalis*	II 级
普通野生稻	*Oryza rufipogoa*	II 级

物种名称	拉丁文	保护级别
乌苏里孤尾藻	*Myriophyllum ussuriense*	Ⅱ级
水菜花	*Ottelia cordata*	Ⅱ级
野大豆	*Glycine cordata*	Ⅱ级
短绒野大豆	*Glycine tomentella*	Ⅱ级
盾叶狸藻	*Utrcularia punctata*	Ⅱ级
高雄茨藻	*Najas browniana*	Ⅱ级
拟纤茨藻	*Najas pseudogracillina*	Ⅱ级
莲（野生）	*Nelumfo uncifera*	Ⅱ级
贵州萍蓬草	*Nuphar bomelii*	Ⅱ级
雪白睡莲	*Nymphaea candida*	Ⅱ级
石蔓	*Ternipsis sessilis*	Ⅱ级
冰沼草	*Schenchzeria palustris*	Ⅱ级
北方黑三棱	*Sparganium hyperborcum*	Ⅱ级
野菱	*Tapa incisa*	Ⅱ级

除此之外，湿地又是外来物种侵入扩张的区域。水葫芦、大漂、空心莲子草，甚至王莲都明显扩散争夺湿地生境，造成巨大危害。历史上，它们的入侵是随着花卉、养殖（饲料）的需要侵入我国湿地的，由于它们能很快适应环境，繁殖能力又特别强（大都有有性、无性两者极强的繁殖能力），生物生产力又高，它们很快占有了生态位，排挤当地的植物，形成了自然灾害。当前进一步发展的花卉事业（湿地公园的兴建、国际花卉展览）及家庭水族馆的建立，有可能导致更大、更多的外来物种侵入我国湿地，这是不得不严加防范的。

2.2.2 我国湿地植被的类型

湿地类型的划分，主要是根据地理景观的区别，它开始即以海洋、湖泊、河流内陆，分为海洋湿地、湖泊湿地、河流湿地及沼泽湿地。二级的划分原则，则以水的时间分布，划分暂时的、永久的等。

　　湿地植被类型的划分以植物为基础，以其生活型及其外貌为根据，这与我国植被的类型划分原则相互统一，这不仅是植被类型的划分有其必须遵循的科学内涵，合乎科学规律，也是一般学者可以接受的。根据这一原则，一级单位划分为木本湿地植被类型与草本湿地植被类型。由于湿地植被类型针对的是湿地，因此这一类型划分中特别划出一类水域植被。很明显这是超出了生态外貌分类的模式，其生活型也基本上是草本植物，只是水生的特征而被单列，这一划分也是植被生态学家易于理解和接受的。

2.2.2.1 木本湿地植被

　　木本湿地植被，包括乔木型、灌木型两类。乔木型湿地植被中，分为针叶的、阔叶的。在针叶类中又分为落叶的针叶群落类型和常绿的针叶群落类型。在阔叶型的类型中，由于虽具有常绿阔叶林物种，但没有发现明显的常绿阔叶林湿地类型，这一类暂为缺失。红树林类型中的阔叶林常绿类型是有的，被划分在红树林。

　　（1）落叶针叶群落。落叶针叶型湿地类型在我国分布面积较广，主要出现在温带山地和热带、亚热带丘陵平原。其中最为典型的是落叶松林，具有泰加林的色彩，乔木层高达 20~25m，郁闭度 0.3~0.7。这类林与松林，被称为明亮针叶林。

　　（2）常绿针叶群落。常绿针叶群落，主要是松林、云杉林和柳杉林。主要分布于海边岛屿、海湾，如赤松、油松，在渤海周围辽东半岛、山东半岛附近海域岛屿广为分布。马尾松在我国中部江浙及以南地区的海边，都形成群落。这两种类型，几乎与湿地没有关系，也不耐水淹，但它与海域是如此之近，成为海滨湿地，它与海鸟鸟群的出没与栖息有密切关系，也符合拉姆萨尔公约补充条款的规定。

　　（3）落叶阔叶群落。落叶阔叶群落指的是冬季落叶的湿地植物群落，它们是由典型的落叶树种杨柳科、胡桃科、桦木科的落叶树种组成。杨柳科的树种是喜温湿的树种，种类繁多，在森林区的河边、水边几乎没有它不生长的地方。有些地区，柳树还能浸泡在水中，根系的一部分随水流漂浮（如九寨沟），不影响其生长。一种类型，如胡杨也有"潜水植物"之称。

　　（4）落叶阔叶灌丛。与一般的陆生灌丛一样，湿地的灌丛常有一定的演替阶段性质，只是湿地的灌丛植物保留的灌丛阶段时间可能更长，绝不会因为湿地水分好而缩短它的演替周期。因为控制植物生长是生态综合要素发挥的作用。常见分布于湿地中的灌木，灌木层下为沼泽草本植被，分布有较多的苔草（*Carex* spp.）和苔藓。

（5）常绿阔叶灌丛。常绿阔叶灌丛是以杜香、桃金娘、多种杜鹃等组成的常绿灌木类型。

（6）竹丛。我国溪河边岸常伴生有竹林或竹灌丛，如慈竹、牡竹、箣竹等都成群落在亚热带和热带分布，很难说它具有湿地特征。但在我国西藏及云南，的确可以见到由箭竹组成的灌丛。这类竹丛，地面潮湿，具有大量苔藓，如泥炭藓，可沿竹竿长至 50cm。

2.2.2.2 草本湿地植被

草本湿地植被主要是指适应湿地环境的草本植物，分为高草（大于 1.5m 高的草本植物）、低草（小于 1.5m 高的草本植物）及苔藓类湿地。这些草本植物大都为具有长或短根茎的丛生草本，抵御逆境和再生能力强，在短期遭受水淹后能继续生长。有些类型是在浅水淹没中生长的，有少数类型是一年生的。但凡草本生活型特性的类型，都划在这里。

（1）高草湿地。大都为河岸分布的草本植被类型，如斑茅、芦竹、芦苇常形成条状的群落，分布在河岸两侧。五节芒、卡芦和水草等类型，则常分布在我国南方的一些开阔的河床上，还常与水麻、醉鱼草单独或共同组成群落。芦苇和卡开芦的分布很广，在中国北部，芦苇群落甚至在沙漠地区的平地也广泛分布。高草草高 2~4m，水边常年不割而自然演替的芦苇，高可达 5m，粗 6~8cm。这些草本群落的覆盖度一般在 50% 左右，也有的地区可高达 70%~80%。由于洪水等原因，分布面积一般都不大。高草湿地一般在水土保持中具有特殊功效，甚至可以用其作为拦截洪水的屏障，或作为固岸、拦土、造田的生物屏障。

（2）低草湿地。一般植被类型中所称的沼泽湿地，或被称之为"五花草塘"的类型，或沼泽草甸都属于这一范围。苔草、莎草、嵩草这三大属是以上植被类型的建群种，也是低草湿地的代表性群落。这三属植物的很多种都可以单独成为建群种，如东北分布的有乌拉苔草、灰脉苔草等，西藏和川西分布的青藏苔草，若尔盖分布的木里苔草，藏东南及江苏和浙江分布的芒尖苔草，亚热带丘陵、山地的山间谷地分布的红穗苔草，洞庭湖等湖区滩地和洼地分布的弯囊苔草，广东、广西南亚热带典型沼泽中的绿穗苔草等。

莎草群落是另一类低草湿地，相对苔草群落而言，以莎草属为建群种的群落要少得多。主要的有香附莎草、克拉莎草等植物建成的群落。莎草科植物嵩草也是建成湿地的建群种。高山嵩草、小嵩草也常形成沼泽草甸群落，草甸的凹陷，往往积满水而连成网状。还有藨草和灯芯草两属植物，也是湿地草本植物的主要种类，组成湿地植被的低草类型。

（3）苔藓湿地。苔藓湿地是湿地阴生生境中广布的类型，一般在这里湿度特别大，而且终年终日如此，这是形成苔藓广布的条件。这种苔藓覆盖，地面可达80%~90%，比冷杉林还阴湿，苔藓可生长高达10~15cm，相当特殊。苔藓湿地的主要苔藓种类有泥炭藓，还有金发藓。泥炭藓是形成沼泽泥炭层的主要种类，但苔藓湿地的苔藓绝不仅是这些，既有它的变种，也有相近的种。它们的分布往往还与伴生的嵩草植物一起，在树干、枝叶上的扩展，形成很厚的苔藓层。

2.2.2.3 水域植被

水域植被也可说是真正的湿地植被，以往以水生植被冠名，它包括挺水植被、根着浮叶植被、漂浮植被和沉水植被四大类。在植被的分类中，很难把它与陆生植被统一标准，统一命名，它有自身的特殊性。

（1）挺水植被。突现植物扎根于土壤中，其基部通常生长在水面以下，但其叶片、茎（光合作用部分）和生殖器官是气栖的。最常见的突现物种存在于单子叶植物的大家族中，它们往往在淡水和咸水沼泽中占主导地位，即禾本科、莎草科（如苔草）、灯芯草科和蒲科（香蒲科）。其他经常遇到的突现物种有泽泻科（水芭蕉）、天南星科魔芋、紫菀、薄荷、智能草和黑三菱。

这类植物总有一部分淹没在水下，但大部分露出水面，并用其水上部分完成其开花结实的生活史。这些植物植株相当高，都在1.5m以上，也有较低的，如慈姑、荸荠、泽泻，其实还不止这些，每属都有不少种，都有相近的生活型。高大的挺水植物有芦苇、香蒲、菖蒲、水葱等。这些植物的植株高，一般也较稠密，均属于根状茎植物，但根状茎长短都有较大差别。一般来说它们的共生植物不多，常呈单种分布，尤其是在栽培中的群落，如茭（俗称茭白）、慈姑、荸荠等。

（2）根着浮叶植物。两栖植物这一类别包括那些需要潮湿地区生长的植物，包括苔藓植物、蕨类植物和一些被子植物。这些类型的植物生长在水分既不充足也不干燥的潮湿地方。它们分布在水体边缘。这些植物可以忍受或享受潮湿的花园环境。一些多年生植物将适应这些条件，只要土壤干燥而在冬季休眠，但这些植物往往在潮湿的条件下茁壮成长。这些植物要么扎根于泥土中，要么生长在水中或空气中。

根着型植物中有一部分叶漂浮于水面，但长长的茎比较柔软，荡漾在水中，这种漂浮着嫩枝、嫩芽、花朵或果实的水域植物归于此类。属于根着型漂浮植物的有莲、睡莲、芡实、水皮莲、菱及浮叶眼子菜等，各组成不同的群落。

（3）漂浮植物。漂浮植物的叶和茎（也称为浮无附着）漂浮在水面上。如果有根，它们会自由地悬挂在水中，而不是固定在沉积物中。自由漂浮植物的一个广泛的家族是柠檬科，包括浮萍属（浮萍），浮萍属（大浮萍），无根萍属和芜萍属。这类群落，如满江红等有时成片生长，盖满池面，形成的群落的盖度有时比陆生植被的还要大。极强的繁殖能力，如凤眼莲、大漂、浮萍等无性和有性繁殖速度都十分惊人，以至于人们要消灭它们（外来侵入种）。

（4）沉水植物。沉水植物除开花植物外，淹没植物通常在水面下度过整个生命周期，分布在沿海、河口和淡水栖息地。淹没种的茎和叶往往是柔软的（缺乏木质素），叶是细长的和带状的或高度分割，使它们足够灵活，可以承受水的运动而不受损。所有或几乎所有物种都被淹没的科的例子包括红星科（水星草），角苔科、苣荷科（水苔科）、马铃薯科（池塘草）和柳叶草科（苣荷）。

全株沉于水中的植物，被归入此类。一般此类植物在水面上见不到，只有在水较清澈的水体中透过水层才见到这些植物。有些植物的开花、授精、结实均在水中进行，但不少种类，开花、结实的枝条露出水面，由风和昆虫帮助其完成传粉的过程。这类植物中最普通的是眼子菜科眼子菜属的植物，中国大部分水域都有它的分布，在静水和流水中几乎都有它的踪迹。常见的种类有马来眼子菜、菹草、线叶眼子菜、眼子菜、兴叶眼子菜、篦齿眼子菜等。其他还可见到的单优群落如苦草、金鱼、狐尾藻、黑藻、梅花藻、狸、大叶水车前等。

水韭是生于浅水地区的湿地植被，但有它自有的特色，同时它也为我国特有。川蔓藻是激流湿地中的沉水植物，也是静水中水生植物中的特色品种。淡水水生植物很多，但由于它们未组成植物群落，或对它们的调查不够，有不少尚属遗漏，群落的结构和功能也有许多需要检测和研究。

2.2.2.4　滨海森林群落

我国东南部，面临浩瀚的大海，滨海森林对保护海岸起着重要的作用。海滨森林有木麻黄群落，虽然是人造森林，但对保护海岸、减轻台风伤害还是相当重要的。木麻黄高 15～18m，树干重而脆，耐盐碱，同时还有根瘤菌在根上寄生，今后还可能发展。另外，还有相思树林，也是外来种，但已在大陆和中国台湾形成大面积林地。莲叶桐是另一类海滨森林，常在珊瑚礁海岸成为森林群落的建群种。此外，椰子也常能在海边成为椰林，为旅游事业增添不少光彩。

2.2.2.5　红树林群落

红树林，作为一特殊的植被类型被独立出来。红树林一般在潮水来时浸泡在海水中，潮退后露出水面，有关红树林的单独的文献已相当多。海南岛红树林是红树林中保存得最好的，在三江、山尾、塔市、铺前、会文、清澜港都有分布。

2.2.2.6　海滨沉水植被

这是浅海但还在低潮时水深 6m 以上的水域。这里长年不露出水面的海底，往往是海藻、珊瑚生长的地域，未见高等植物分布。

2.3　湿地温室气体与气候变化

2.3.1　全球温室气体水平

温室气体是指大气中自然或人为产生的气体成分，它们能够吸收和释放地球表面、大气和云发出的热红外辐射光谱内特定波长的辐射。该特性导致温室效应。水汽（H_2O）、二氧化碳（CO_2）、甲烷（CH_4）、氧化亚氮（N_2O）和臭氧（O_3）是地球大气中主要的温室气体。此外，大气中还有许多完全人为产生的温室气体等，如卤烃和其他含氯与含溴的物质，六氟化硫（SF_6）、氢氟碳化物（HFCS）和全氟化碳（PFCS）也定为温室气体。其中，CO_2、CH_4、N_2O、HFCS、PFCS、SF_6 是《京都议定书》规定的 6 种温室气体。

2021 年 10 月，基于全球的大气中温室气体状况到 2020 年的观察结果，世界气象组织（World Meteorological Organization，WMO）发布了 2020 年

WMO《温室气体公报》，展示了相对于 1750 年长寿命温室气体对全球辐射强迫的增幅（见图 2-1）。这一估数并未包括 IPCC 第一工作组 2021 年报告的更新计算。其中"CFCs"类包括其他非氟氯化碳的长寿命气体（例如 CCl_4、CH_3CCl_3 和哈龙类物质），但氟氯化碳占这种辐射强迫的大部分（2020 年为 95%）。"HCFCs"类包括三种含量最多的氟氯烃（HCFC-22、HCFC-141b 和 HCFC-142b）。"HFCs*"类别包括最丰富的氢氟碳化合物（HFC-134a、HFC-23、HFC-125、HFC-143a、HFC-32、HFC-152a、HFC-227ea 和 HFC-365mfc）和六氟化硫（SF_6），尽管在 2020 年，SF_6 只占该组辐射强迫的一小部分（13%）。

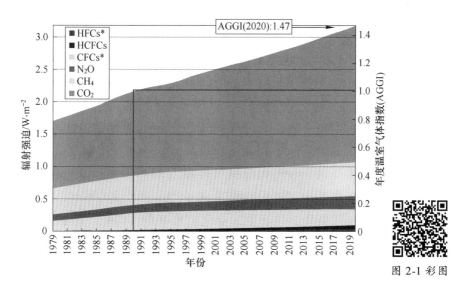

图 2-1 彩图

图 2-1 1979～2020 年长寿命温室气体对全球辐射强迫的增幅

2022 年 WMO《温室气体公报》报告显示二氧化碳、甲烷和氧化亚氮这三种主要温室气体的大气水平在 2021 年均创下了新高。2021 年的二氧化碳浓度为 415.7mg/L，甲烷为 1908mg/L，氧化亚氮为 334.5μg/L。这些数值分别占工业化前（人类活动开始破坏大气中这些气体的自然平衡之前）水平的 149%、262% 和 124%。

（1）甲烷。自近 40 年前开始系统测量以来，2021 年的甲烷浓度出现了最大的同比增幅。这一异常增长的原因尚不清楚，但似乎是生物和人类引发的过程的结果。

大气甲烷是气候变化的第二大贡献者，它由多种重叠的源和汇组成，因此很难按来源类型来量化排放。自 2007 年以来，全球平均大气甲烷浓度一直在加速增加。2020 年和 2021 年的年度增长率（分别为 15μg/L 和 18μg/L）是自 1983 年开始系统记录以来的最大增幅。

全球温室气体科学界仍在调查其原因。分析表明，自 2007 年以来，造成甲烷再次增加的最主要原因是生物源，如湿地或稻田。目前，尚不能确定2020 年和 2021 年的极端增长是否是气候反馈，即如果天气变暖，有机物会分解得更快。如果有机物在水中（无氧）分解，这将导致甲烷排放。因此，如果热带湿地变得更湿润和更温暖，就有可能产生更多排放。

（2）氧化亚氮。氧化亚氮是第三种最重要的温室气体。它即可通过自然源（约为 57%），也可通过人为源（约为 43%）排放到大气中，包括海洋、土壤、生物质燃烧、化肥使用和各种工业过程等。2020~2021 年的增幅略高于 2019~2020 年观测到的增幅，也高于过去 10 年的平均年增长率。

（3）二氧化碳。从 2020~2021 年，二氧化碳水平的增幅大于过去十年的平均年增长率。WMO 全球大气监视网内台站的测量结果显示，2022 年全球的二氧化碳水平均在继续上升。

在 1990~2021 年间，长寿命温室气体对气候的增温效应（称为辐射强迫）增加了近 50%，其中二氧化碳约占 80%。

2021 年，大气二氧化碳达到了工业化前水平的 149%，主要是因为来自化石燃料燃烧和水泥生产的排放。自 2020 年因新冠疫情采取隔离措施以来，全球排放量有所反弹。在 2011~2020 年期间人类活动的总排放量中，约48% 累积在大气中，26% 在海洋中，29% 在陆地上。

陆地生态系统和海洋作为"汇"的能力在未来可能会变得不那么有效，从而降低其吸收二氧化碳和减缓温度上升的能力。在有些地方，已经出现了土地汇变成二氧化碳源的情况。

2.3.2 湿地温室气体的排放及其机制

湿地温室气体排放与全球气候变化关系密切，地球大气层中 20%~25% 的甲烷来源于湿地。CH_4 是全球仅次于 CO_2 的第二大温室气体，而自然湿地是大气 CH_4 的最大自然排放源。精准定量全球自然湿地 CH_4 排放是当前"全球碳项目"研究的核心之一。然而由于对排放过程的认识不足等原因，目前全球范围的自然湿地 CH_4 排放定量估算存在着极大的不确定性。中国科学院大气物理研究所大气边界层物理和大气化学国家重点实验室李婷婷副研究员自主研发了自然湿地甲烷排放模型 CH_4 MODwetland，评估了该模型与美国研发的 TEM 模型对不同湿地类型和不同大洲的甲烷排放模拟的效果。基于评估结果提出了一种新的估算全球自然湿地 CH_4 排放的方法，量化了全球自然湿地的 CH_4 排放强度（116.99～124.74 百万吨/年）。

据统计，全球陆地温室气体碳汇的碳储量约为（2.6±1.7）亿吨/年，而全球河流、湖泊等淡水湿地的甲烷排放量约为 0.65 亿吨/年（二氧化碳当量），其二氧化碳排放量约为 1.4 亿吨/年，两者之和就抵消了 79% 的陆地碳汇的碳储量。中国陆地温室气体碳储量为 0.19～0.26 亿吨/年。中国湿地温室气体碳排放量为 0.17 亿吨/年（二氧化碳当量），其抵消了 65%～89% 的陆地碳汇的碳储量。研究表明，中国湿地的甲烷和氧化亚氮排放量抵消了 84.8% 的中国陆地碳汇的碳储量。

由于湿地是 CO_2、CH_4 和 N_2O 等温室气体的"源"和"汇"，活跃的碳和氮生物地球化学循环意味着湿地系统是温室气体生产、消耗和与大气交换的关键位置。它们可以对全球气候产生增温和降温效应。因此，湿地热点地区活跃的生物地球化学循环的影响远远超出单个湿地，影响区域和全球气候问题。

湿地的特征是土壤季节性或永久性地处于饱和状态，并且存在适应于饱和水条件下生长的植物，这些因素将湿地与真正的陆地和真正的水生生态系统区分开来。

在水分饱和的土壤中，分子氧的消耗速度比从大气中补充氧的速度快，导致土壤通常处于缺氧状态。然而，植物根和穴居动物（如螃蟹、蛤蜊和多毛类蠕虫）的活动可以在无氧或缺氧的土壤环境中形成（微）好氧区。活性有机碳可以从湿地生物群中添加到湿地土壤中，也可以从邻近系统中运输到湿地土壤中，并沉积在湿地表面。水在湿地中的流动可以输送氮和磷等营养物质。土壤中无氧、缺氧、好氧环境并存，随着大量的有机碳和其他营养物质的进入，在湿地土壤中许多元素通过一系列的生物和非生物的氧化还原反应，很容易建立动态的生物地球化学循环。这种生物地球化学活动有助于湿地提供重要的生态系统服务，包括气候调节和碳封存、养分循环、污染物清除等。

一般来说，许多湿地通过光合作用从大气中去除 CO_2，并可将土壤和/或木质生物质中的有机碳隔离数十年至数百年。当生态系统初级生产的速率超过自养和异养呼吸的综合速率时，湿地就是大气中 CO_2 的汇。与邻近河流和河口有密切联系的湿地可以接收大量与沉积物相关的碳输入，其中一些可以在湿地土壤中长期保存。碳可以作为有机碳储存在湿地土壤和木质生物量中，尽管草本生物量不被认为是长期的碳汇，因为它大约在每年的时间尺度上循环吸纳和释放。

从水文角度看，许多湿地是良好的缓冲系统，其水位随潮汐或季节或降水输入等而发生可预测的变化。这种缓冲作用对湿地起到了很好的能量补贴作用，传递养分同时影响土壤氧化还原条件，并冲洗土壤中积累的毒素。这些反应都提高了湿地植物的生产力和湿地系统原生碳的输入。因为湿地植物的生长可以更依赖于内部养分循环，而不是新的养分输入，湿地中有效的养分循环也导致了高水平的初级生产。

由于湿地系统中碳的分解率往往较低，从而使得湿地中碳的固定效率很高。这在很大程度上是由于湿地水饱和的土壤中占主导地位的缺氧条件有关。尽管温度、pH 值、养分有效性和其他因素都会影响到碳的分解。在没有 O_2 分子的情况下，微生物使用一系列的替代电子受体（NO_3^-，$Mn(\mathrm{II}, \mathrm{IV})$，$Fe(\mathrm{II})$，$SO_4^{2-}$ 和 CO_3^-）。与 O_2 分子相比，这些电子受体具有更低的热力学能产率，因此导致更低的代谢效率和更慢的分解速率。当地下水位下降时，大气中的 O_2 可以渗透到土壤中，导致分解速度加快。

缺氧也限制了土壤中多酚氧化酶的活性，这是一种参与植物聚合物和其他复杂有机底物分解的重要酶。这使得酚类化合物积累，随后限制了参与有机物分解初始步骤的其他酶的活性。此外，缺乏氧降低了土壤真菌的丰度，真菌比细菌更能分解顽固分子，如木质素和单宁。这些因素都与缺 O_2 有关，并导致有机质分解减少，从而提高了湿地土壤中碳的固存效率。

能促进土壤碳储存的湿地厌氧条件也会加强微生物产甲烷过程而产生更多的 CH_4，随着湿地干涸，CH_4 的产生速度下降。在生态系统尺度上，由植物作为碳源所驱动的初级生产速率与 CH_4 排放之间存在正相关关系。近地表土壤环境是甲烷生成速率最高的区域，因为那里有最丰富的新鲜有机碳，可以发酵成产生甲烷菌所需的简单有机分子。

植物通过通气组织有效地将 CH_4 排放到大气中，从而绕过土壤-大气界面上的好氧甲烷化氧化的活性位点。尽管通过植物能有效地排放甲烷，但在湿地土壤中产生的 CH_4，多达 40%～70%在途经土壤和水层扩散时可被栖息于其间的甲烷厌氧氧化菌氧化为 CO_2 排放到大气中。因此，甲烷的厌氧氧化作用是减少湿地 CH_4 排放的主要途径之一。

湿地通过微生物的反硝化和硝化过程产生气态氮。厌氧环境下，湿地中常见的含氮化合物可由土壤微生物介导的土壤反硝化程转化为气态氮，目前对湿地生态系统反硝化作用的研究通常意义是指硝酸盐或亚硝酸盐在缺氧条件下被还原为 N_2、N_2O、NO 等气体而进入大气之中。湿地中通过生物过程特别是脱氮作用被去除的氮可达 75%，反硝化作用形成气体 N_2O 和 N_2 可占去除总氮量的 89%～96%，是湿地生态系统氮去除的主要机制。这些反应中的每一个都是一个多步骤的过程，需要多种酶来完成整个反应。多种因素包括电子受体和电子供体（有机碳）的丰度、土壤含水量、硫化氢的浓度和pH 值都会干扰每个过程的各个步骤，导致反应不完全。

2.3.3 环境因子对温室气体排放的影响

影响湿地 CO_2、CH_4、N_2O 排放量的因素可概括为植被、水文、土壤状况、气候及人为干扰 5 个方面，而且每种温室气体的影响机理各不相同。基于此，许芹等（2013）发表的论文"湿地温室气体排放影响因素研究进展"中对湿地温室气体排放的影响因素做了非常详细的总结和对比分析，本书做了重要参考。

2.3.3.1 主要影响因素

主要影响因素有：

（1）湿地 CO_2 排放的影响因素。湿地植物吸收大气中的 CO_2，经过光合作用转化为碳水化合物，再固定在湿地系统中，形成有机碳；同时，湿地植物呼吸释放 CO_2，动植物残体在微生物作用下腐殖分解发生矿化，释放 CO_2 与 CH_4。湿地排放 CO_2 主要包括植物根部的呼吸作用和微生物氧化有机物，从土壤直接向大气释放 CO_2。

（2）湿地 CH_4 排放的影响因素。CH_4 是继 CO_2 之后重要的温室气体之一，CH_4 单分子的增温潜势是 CO_2 的 15～30 倍。CH_4 是土壤有机质在厌氧环境下被分解生成，湿地水分含量高，具备缺氧条件，因此湿地成为 CH_4 的主要源。全球湿地 CH_4 排放量为 115 百万吨/年。经过大量的野外观测以及室内培养实验发现，湿地植被、水深、温度以及植被类型是控制湿地 CH_4 排放的主要因素。

（3）湿地 N_2O 排放的影响因素。N_2O 具有吸收红外线的性质。尽管 N_2O 在大气中的浓度非常低，但其温室效应非常大。大气中 N_2O 浓度对温室效应的贡献约占6%，并且 N_2O 的红外吸收能力大约为 CO_2 的250倍，对全球气候的增温效应在未来将越来越显著。有研究显示大气中的 N_2O 有70%来自土壤，湿地 N_2O 的排放主要源于土壤中的硝化和反硝化作用。土壤中温度、水分、植物、有机质等是影响 N_2O 排放的主要因素。

2.3.3.2 湿地植被对温室气体排放的影响

湿地植被对温室气体排放的影响如下：

（1）对 CO_2 排放的影响。植物呼吸是生态系统总呼吸的一个重要成分。在相同生长条件下，湿地的土壤呼吸速率比森林的土壤呼吸速率明显要高，原因可能是土壤碳含量不同。森林土壤中所含的碳大多为不溶性碳，而湿地土壤中的碳大部分来自湿地植物凋落物分解形成可溶性碳。由于湿地植被不同，其枯枝落叶进入土壤使其有机碳含量不同，造成对 CO_2 排放的影响也较显著。还有植被不同生长期、不同植被处理、不同植物器官、不同干扰方式（养分输入、排水等）等对 CO_2 排放都有影响。

（2）对 CH_4 排放的影响。湿地植被能反映湿地的生境及环境特征。湿地产生的甲烷通过3种途径进入大气：气泡、液相扩散和植物传输。在湿地 CH_4 排放过程中植物的作用主要为：

1）充当 CH_4 传输的气体通道；

2）为产 CH_4 菌提供基质；

3）传输氧气到植物根系使 CH_4 氧化。

植物传输可以将土壤中 50%~90% 的甲烷传输到大气，但传输量随植物群落的不同存在较大的差异。在生长季节，随着植物地上生物量的增加，CH_4 通量也随之增加。

（3）对 N_2O 排放的影响。湿地中常见的水生植物种类有芦苇、灯芯草、香蒲和蓑衣草等。湿地植物的作用包括两方面：

1）吸收部分营养物质；

2）它的根部能够使微生物生存和降解营养物质。

植物通过吸收作用除氮，植物生物量越多，吸收的氮也越多，N_2O 的排放就越少。不同植物吸收氮的能力不同，主要取决于环境、可利用的营养和植物对环境的适应性。

2.3.3.3 湿地水文对温室气体排放的影响

湿地水文对温室气体排放的影响如下：

（1）对 CO_2 排放的影响。湿地对水文的变化比较敏感。在一定范围内，水位高度与 CO_2 排放量成负相关关系，水位升高，CO_2 排放量降低。理论上讲，由于氧气扩散到土壤中有困难，因此存在一个临界的土壤水分含量值，土壤微生物在高于这个值时，其活性大幅度降低。研究发现，水位高度对 CO_2 排放量有显著影响，在同一区域内，CO_2 通量随水位升高而降低。

（2）对 CH_4 排放的影响。湿地水文状况是影响 CH_4 排放量的重要因素之一。当湿地水分含量不足而形成厌氧环境时，产生的 CH_4 易被土壤氧化层氧化，导致甲烷产量降低。而当湿地水分过多形成淹水厌氧环境时，土壤的氧化还原电位降低，且随着淹水程度的增加而降低，此时，有机物主要进行厌氧分解活动，产生大量 CH_4。然而，当湿地水位深度达到一定程度，植物的光合作用及 CH_4 的传输能力受到影响，CH_4 的排放量不会继续增加，甚至会减少；此外，静水压的增加导致更多 CH_4 溶于水中，减少了 CH_4 的排放。

（3）对 N_2O 排放的影响。土壤水分含量主要通过影响微生物的活性和 O_2 含量影响湿地 N_2O 生成。N_2O 主要来源于微生物参与下的硝化反硝化反应，土壤含水量低和土壤长期持续淹水都不利于硝化和反硝化细菌的生长。湿地植物通过光合作用向水体及土壤释放氧气，形成一个氧化还原层，有利于硝化反硝化作用的发生。特别是在湿地水面降低甚至落干时，土壤含水量适中，通气良好，硝化作用及反硝化作用都能以较高的速率进行，并且以 N_2O 为主要产物。

2.3.3.4 湿地土壤对温室气体排放的影响

湿地土壤对温室气体排放的影响如下：

（1）对 CO_2 排放的影响。土壤有机质对湿地排放 CO_2 也有影响。一般来说，土壤表层植被凋落物和剖层中根系的残留物和分泌物是陆地生态系统中土壤有机质的主要来源。微生物活动主要依靠湿地中含有的大量的不溶性有机碳。由于湿地土壤含有较高的有机物，同时经常性被水淹，使得外源有机物和微生物分解缓慢，不溶性有机碳发生氧化导致矿化作用转化为无机碳，使 CO_2 排放量增加。

（2）对 CH_4 排放的影响。不同类型的湿地土壤，其 CH_4 排放量有所不同。有学者发现不同质地沼泽土壤中 CH_4 的产生速率不同，依次为：砂土<砾土<黏质粉土<黏土。土壤有机物性质对湿地 CH_4 的产生也有明显的影响。研究发现，CH_4 排放量随湿地沉积物中有机碳含量的增加而增加；但某些区域的有机碳含量虽然很高，CH_4 排放却不高，说明有机质成分也决定 CH_4 的产生速率。产甲烷菌对 pH 值的变化非常敏感，pH 值小于 5.6 时基本没有 CH_4 产生，pH 值在 5.6~6.8 时，甲烷通量随 pH 值增大而增加。

（3）对 N_2O 排放的影响。湿地中溶解氧含量越高，越不利于 N_2O 的释放。植物和微生物呼吸耗氧使湿地溶解氧含量降低，从而制约硝化作用。而微生物的反硝化作用是一个严格厌氧过程，当溶解氧的浓度超过 0.2mg/L 时，反硝化作用难以发生。而 pH 值越高，越不利于 N_2O 的释放。一般情况下，硝化作用在 pH 值为 7.5~8.6 时最好，反硝化作用在 pH 值为 7~8 时最好。在 pH 值小于 6.0 时，反硝化速率随 pH 值下降而下降。

2.3.3.5 气候因子对温室气体排放的影响

气候因子对温室气体排放的影响如下：

（1）对 CO_2 排放的影响。由于温度与湿地系统中微生物的活性有密切的关系，湿地 CO_2 通量与温度在一定的范围内呈正相关关系。研究发现，土壤 CO_2 排放通量季节性差异显著，夏季和秋季排放通量最大。积雪在调节季节性湿地 CO_2 排放方面也有着重要的作用。积雪可以通过隔离大气与土壤而使土壤温度和土壤湿度得以保持，有利于微生物的呼吸作用，从而促进了 CO_2 的生成。但随着积雪融化，土壤含水量升高的同时，CO_2 排放量也大幅度的升高。由于冻结作用使得冬季产生的一部分 CO_2 可能固定在冻层中，这部分 CO_2 在融冻期被释放。

（2）对 CH_4 排放的影响。气候因子对湿地 CH_4 排放具有重要影响，其中温度因子影响最大。温度在 CH_4 的产生和排放中有 3 个作用：1）影响植物体产生 CH_4；2）影响土壤微生物的活动；3）影响 CH_4 的输送。产甲烷菌最适宜温度在 30~40℃，温度降低 CH_4 通量会减少。因此，湿地中 CH_4 的产生和排放随温度的升高而增加。在温暖期，当温度上升 10℃，CH_4 的排放速率增加 2~3 倍。

（3）对 N_2O 释放的影响。湿地的氮循环过程主要是通过微生物的分解代谢和植物的吸收作用完成的，而植物的生长发育、微生物的新陈代谢等受温度的影响很大。微生物活动强度是随温度的改变而改变，生化过程的速度在一定低温条件下可以忽略。在一定温度以上，生化反应速率则遵循阿累尼乌斯关系而快速上升。硝化作用的最适宜温度为 25~35℃，40℃ 以上和 5℃ 以下则受到限制。反硝化作用的温度范围很广，最适宜温度为 10~25℃，最高为 70℃ 左右，最低为 -4~-2℃。

2.3.4　湿地温室气体与气候变化

IPCC 于 2021 年 8 月 9 日发布了题为"2021 气候变化：自然科学基础"的报告。对于当前的气候状况，报告总结认为人类影响使大气、海洋和陆地变暖，而大气、海洋、冰层和生物圈正在发生广泛而迅速的变化。

2022 年 4 月 4 日，政府间气候变化专门委员会第六次评估报告第三工作组报告《气候变化 2022：减缓气候变化》正式发布。报告指出，2010 年至 2019 年全球温室气体年平均排放量处于人类历史上最高水平，但增长速度已经放缓。不立即在所有部门进行深度减排，将全球变暖限制在 1.5℃ 就毫无可能了。且需要最迟在 2025 年之前达到峰值才可能将全球升温幅度限制在 2℃ 左右。全球气候变暖问题受到全社会的广泛关注，引起气候变化的重要原因是大气中温室气体浓度的不断升高，其中 CO_2、CH_4 和 N_2O 是三种主要的温室气体。

湿地对全球气候的影响主要是由于湿地与大气交换温室气体。我们从三方面来思考这个问题。首先，湿地排放温室气体导致的气候变暖程度，与湿地从大气中清除温室气体导致的变冷程度相比，是更大还是更小？这被称为系统的辐射平衡，是在一段规定的时间内（通常是 100 年）计算的。其次，人们可能会问，特定的湿地（或一般的湿地）是否导致了最近的气候变化。如果今天湿地和大气之间的温室气体通量不同于 1000 多年前，那么湿地的辐射平衡已经改变，湿地改变了全球辐射强迫，并正在影响（或好或坏）全球气候。相反，如果今天湿地的辐射平衡与 1000 多年前相同，那么无论湿地的辐射平衡如何，湿地都不会影响全球辐射强迫。最后，在考虑湿地的温室气体吸收和排放的生命周期时，我们可以考虑湿地在特定时间点对气候的影响。许多湿地从发展早期的净变暖效应过渡到由于其整个历史中长期的碳封存而具有终身的冷却效应。

2022 年 7 月，《自然·地球科学》上发表的题为《全球湿地复湿有效减少主要温室气体排放》的文章指出，湿地复湿可减少温室气体排放，同时是减缓气候变化的一种有效且基于自然的解决方案。该研究结果显示：湿地复湿可以有效减少温室气体排放，使甲烷和氧化亚氮引起的辐射强迫完全被二氧化碳吸收补偿。通过将湿地重新湿润至近地表水的地下水位，未来可以减少近1/2的温室气体排放。但由于湿地温室气体对湿地面积变化具有高度敏感性，因此，湿地对气候的影响将取决于湿地退化和修复之间的平衡。

2022年10月27日，生态环境部发布了《中国应对气候变化的政策与行动2022年度报告》，内容包括中国应对气候变化新部署、积极减缓气候变化、主动适应气候变化、完善政策体系和支撑保障、积极参与应对气候变化全球治理五个方面。强调要提升生态系统碳汇能力，包括森林抚育和退化林修复、造林和治理沙化石漠化土地、新增和修复湿地、以国家公园为主体的自然保护地体系持续完善等工作。

3 根圈样品和沉积物样品采集分析技术

本书以内蒙古巴彦淖尔市乌拉特前旗的乌梁素海为例介绍研究区的设置与描述，以及根圈样品和沉积物样品采集分析技术。

乌梁素海位于内蒙古河套灌区的东南端，内蒙古乌拉特前旗境内（见图3-1），海拔1018.5m，是河套灌区内最大的湖泊湿地，是黄河流域最大的淡水湖，是全球荒漠-半荒漠地区极为少见的大型浅草型湖泊。2002年，乌梁素海被列入《国际重要湿地名录》中。总面积600km^2，库容量3亿立方米，其中水体面积293km^2，南北长35~40km，东西宽5~10km。湖泊水深最深能达到4m，多年平均水深为0.7m。蓄水量2.5亿~3亿立方米。所在地区的多年平均气温为7.3℃，全年日照时数为3185.5h，多年平均降雨量为224mm，蒸发量为1502mm，全年无霜期为152天，湖水于每年11月初结冰，冰封期为5个月。湿地以芦苇、香蒲、薹草等挺水植物和龙须眼子菜、穗花狐尾藻等沉水植物为优势种。

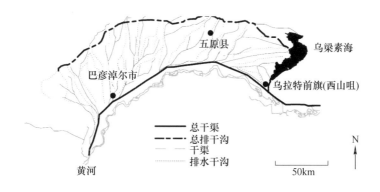

图3-1　乌梁素海地理位置示意图

乌梁素海湿地是河套灌区水利工程的重要组成部分，是河套农灌区灌溉退水、工业、生活废污水唯一的排泄通道。河套灌区灌溉系统由1条灌溉主干渠、13 条干渠和 2000 条左右的支渠纵横交错组成，排水系统由一条总排干沟和 22000 条支排干组成（见图 3-1）。每年有近 52 亿立方米的水从黄河进入河套灌溉系统，农灌退水经扬水站汇入乌梁素海，最终排入黄河。由于乌梁素海进水中含有大量的氮、磷等营养物质及沉积物长期的积累，导致湖体严重的富营养化，50%以上的水域面积被大型挺水植物覆盖，主要为芦苇（*Phragmites australis*，PA）、香蒲（*Typha angustifolia*，TA）、蔗草（*Scirpus triqueter*，ST）等，开阔水域位置也分布较多的沉水植物，主要为龙须眼子菜（*Potamogeton pectinatus*）等。就芦苇而言，从 1975 年的 17km^2 增加到 2010 年的 188km^2。

诸多研究显示，近年来，乌梁素海流域污染物现状入湖量约为：COD 20000t/a，NH$_4^+$-N 1000t/a，TN 2000t/a，TP 200t/a。远远大于乌梁素海水环境容量测算：COD 11828.9t/a，NH$_4^+$-N 632.6t/a，TN 722.3t/a，TP 40.5t/a。污染物质的大量汇集和水生植物残体的腐烂加速了乌梁素海水环境的恶化和湖泊功能的逐渐丧失，导致其沼泽化速度加快。乌梁素海是黄河中上游西部地区最重要的生态屏障，具有净化水源、改善当地气候等多种功能，在维持生物多样性和基因库方面起着重要作用。

随着全球经济的快速发展，农业生产的机械化和集约化发展，自然湿地生态系统中受到严重的人为干扰，其生态服务功能日益萎缩，甚至消失，保护湿地环境刻不容缓。而且湿地生态系统中孕育着大量的微生物资源，在生物地球化学物质循环中起着重要的作用，且微生物群落组成是最为敏感的早期环境预警因子之一，研究湿地环境中的微生物多样性及其功能菌群对于监测湿地生态环境的结构、功能和服务具有重要意义。

于植物生长季节，通过现场勘查及实际采样条件、安全性的许可，选取乌梁素海湖滨湿地中长有芦苇、香蒲和蔗草三种挺水植物的区域作为采样样地。该样地位于乌梁素海的西南湖滨带（见图 3-2），样地的选择参考杨敖日格乐的研究成果。采样时，采样地湖体水流静止，水深 20~30cm，现场监测水体 pH 值、电导率、总溶解性固体 TDS。植物生长良好，底泥颜色暗黑，有明显的硫化氢气味，可以判断存在厌氧条件。

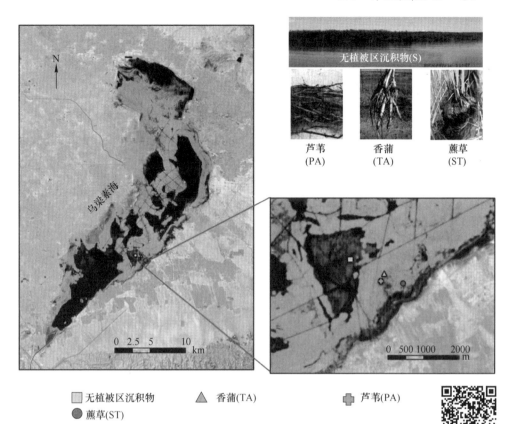

图 3-2 三种湿地植物根圈样品及无植被区沉积物采集示意图

图 3-2 彩图

3.1 样品采集方法

3.1.1 植物根圈样品野外采集

3.1.1.1 前准备

灭菌的细镊子和小剪刀（用于掐断和剪断植物幼根）；无菌的 50mL 离心管（保证根样数量尽量相同，便于后续离心）；大量灭菌水（清洗镊子、剪刀及底泥过多的根样品）；75%的酒精（用于镊子、剪刀消毒）；低尘擦拭纸巾；装有干冰、冰袋的保温箱。

3.1.1.2 采样

（1）现场采样开始前将 50mL 离心管分别倒入 40mL 的灭菌水放置冰袋中预冷。

（2）采样时将芦苇、香蒲、藨草用铁锹连根全部挖起，去掉上层带水的底泥，带回岸边将最外层没有根生长的底泥去掉，露出植物根须即可，以防非根际沉积物的干扰（见图3-2）。

（3）把带泥植株根系垂直用力掰成两块，暴露内部的根。尽量掐或剪掉完全暴露的幼根，并将表面的松散底泥抖掉，部分难以直接抖掉的底泥可以在预备的无菌水中涮洗，注意保留紧贴根的底泥（根际沉积物），装入之前预冷的50mL离心管中，暂存干冰保温箱中。

（4）采尽完全暴露的根，分别将之前掰成两块的根系同样再一次掰成两块（四分法），重复同样的采样方法进行采样。考虑到每个离心管内根际沉积物收集的量较少，每个管内装根样不能太多，否则后续超声与离心效果不好，因此尽量多采重复样。

（5）采样时保温箱避免阳光直射。

（6）短时间内将样品带回实验室，最好当天通过图3-3所示的步骤分离根与根际沉积物样品。

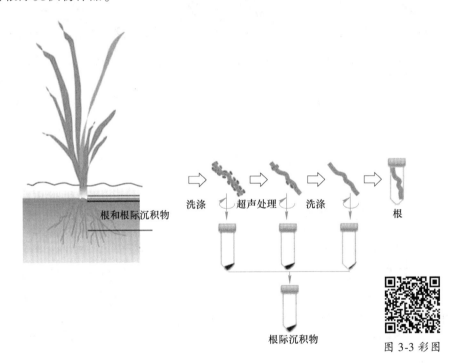

图 3-3 植物根及根际沉积物样品分离方法

所有植物样品在生长区域内随机采集，选择长势良好、植株外观基本一致的植物，每 4 棵作为一个混合样品，每种植物均采集 3 个平行样品。芦苇、香蒲、藨草的根系（Root，R）、根际沉积物（Rhizosphere sediment，RS）样品分别标记为：PAR，TAR，STR；PARS，TARS，STRS。

在样地范围内无植物生长的区域采集沉积物（Unvegetated sediment），标记为 S。采用带有刻度的管形取土器采集 0~20cm 底泥，采集 3 个平行样品，样品中心间隔为 50m，在 5m×5m 的样方内，每个平行样品由 5 点混合而成。采用四分法分取后，少部分装入 50mL 无菌离心管中，暂存于上述的保温箱中，用于后续的分子分析。其余大部分装入无菌自封袋内，作为沉积物样品，标记为：WLSH sediment，用于理化分析。

3.1.2 植物根圈样品室内分离

依据文献报道，主要采用离心—超声振荡—离心的方法来分离根系、根际沉积物样品（见图 3-3）。具体步骤如下：

（1）将放置于干冰保温箱中的样品室温解冻后，用无菌水配平，在 4℃、8000（×g）离心力，离心 10min；然后，用长镊子将根转移到新的装有 40mL 无菌水的 50mL 离心管中。

（2）超声波处理 20min 后，按照上述程序再次离心。然后，将根转移到新的装有灭菌水的离心管中，再次离心，去除多余水分和土。最后，将干净的根小心转移到干燥的无菌离心管中，标记后，于 -80℃ 超低温保存；

（3）三次离心后的底泥合并后用 15mL 无菌离心管或者更小的离心管，再次离心，倒掉上清液为根际沉积物样品，标记后，于 -80℃ 超低温保存。

3.1.3 水样野外采集

在采集沉积物的位置对应的采集水样，标记为 WLSH water，用于水体理化的分析。

3.1.4 沉积物样品的预处理

用于理化分析的沉积物样品在室内自然风干后，去除石砾和植物残体，碾碎，全部过 2mm（10 目）土壤筛，充分混匀后用四分法分成两份，一份用于沉积物常规物理性质和速效养分的测定，如 pH、电导、粒径、硝态氮、铵态氮；另一份继续采用四分法分成两份，一份过 0.25mm（60 目）的土壤筛，用于沉积物总养分测定，如有机碳、总氮、总磷；另一份过 0.149mm（100 目）土壤筛，用于沉积物中重金属元素和总钾的测定。

3.2 物理化学性质分析方法

（1）常规物理性质。沉积物 pH 值、电导率（Electrical conductivity，EC）用过 2mm 土壤筛的风干土，按 1∶2.5（湿重∶体积）的土水比充分振荡溶解后，采用电极法测定，仪器分别是 pH 计（HQ40D，HACH，Loveland，USA）和电导率仪（Leici DDS-307），其中电导率的测定可以反映沉积物的盐度情况；含水率（Water content，WC）用新鲜土、新鲜根，105℃恒重法测定。沉积物粒度采用激光衍射粒度仪器测定，可以衡量沉积物的质地。水体 pH 值、电导率、总溶解性固体（TDS）采用便携式水质分析仪现场测定。

（2）常规化学性质。沉积物总有机碳（Total organic carbon，TOC）采用重铬酸钾外加热法测定；总氮（Total nitrogen，TN）、总磷（Total phosphorus，TP）、总钾（Total potassium，TK）经硫酸钾-浓硫酸-高氯酸消解后，TN 用半微量凯氏定氮法测定，TP 用钼锑抗比色法测定，TK 用电感耦合等离子体发射光谱仪（Inductively Coupled Plasma Optical Emission Spectrometer，ICP-OES）（ICP6000，Thermo Fisher Scientific，USA）测定；硝态氮（NO_3^--N）、铵态氮（NH_4^+-N）经 2mol/L 的 KCl 浸提后，硝态氮用紫外分光光度法测定，铵态氮用靛酚蓝比色法测定。水体 TOC 用 TOC 测定仪（Elementar）测定；水体 TN 经碱性过硫酸钾消解后采用半微量凯氏定氮法测定；水体 TP 经硫酸-硝酸消解后采用钼锑抗比色法测定；水体 NO_3^--N、NH_4^+-N 直接过滤后测定，方法同沉积物的。

（3）重金属元素分析。沉积物于 HNO_3、HCl、HF、$HClO_4$（9∶3∶10∶3，体积∶体积）的混合液中，在开放式消解炉中 200℃消解 3～4h，观察消解液清亮以后，冷却、定容，用电感耦合等离子体原子发射光谱法（ICP-AES）测定其重金属含量。

3.2.1 酸碱度测定方法

pH 值是土壤理化性质指标之一，决定土壤类型，直接影响植株的生长状况。在土壤监测中土壤 pH 值是常见的测定内容。目前测定 pH 值的方法是以 1mol/L 氯化钾作浸提液，也可用去离子水作浸提液，通常液土比有 1:1、2.5:1 和 5:1，然后用电位法测定。用去离子水浸提土壤所得浸提液 pH 值代表土壤的活性酸度。通常用于测定 pH 值的浸提液，可以用于测定盐度。

（1）分析原理与步骤。称取过 0.5mm 土壤筛的风干土样品 10g，放入三角瓶中，按照 2.5:1 的液土比加入所需体积的去离子水。加入清洁磁转子后，放到磁力搅拌器上搅拌 1min，静置 30min 后测定其上清液，土壤样本 pH 值采用酸度计法测定。为了确保测定准确，测定前需用配好的标准缓冲溶液对酸度计进行校正。

（2）注意事项。注意全程使用玻璃器皿，塑料器皿会影响数据精确度。

3.2.2 总氮测定方法

土壤中全氮和全磷是土壤常规分析过程中的必测项目。它们的含量高低是评价土壤潜在肥力的重要指标。

3.2.2.1 分析原理与步骤

硫酸钾加入浓硫酸后，浓硫酸沸点由 317℃ 提升至 341℃，从而增强硫酸的消煮消化能力。高氯酸在强酸的存在下，温度在 110℃ 时就具有很强的氧化力。使硅酸脱水沉淀，含磷的化合物分解成可溶性磷酸盐，又可与磷酸络合，促进磷矿物的分解。高氯酸将有机氮作用将其分解，分解的产物又可和硫酸结合生成可溶性的硫酸铵。

$$4HClO_4 \longrightarrow 2Cl_2 + 7O_2 + H_2O$$

$$PO(OH)_3 + HClO_4 \longrightarrow [P(OH)_4]ClO_4$$

$$NH_2CH_2COOH + 6HClO_4 \longrightarrow NH_3 + 2CO_2 + 3Cl_2 + 9O_2 + H_2O$$

$$2NH_3 + H_2SO_4 \longrightarrow (NH_4)_2SO_4$$

土壤全氮量的测定可采用重铬酸钾—硫酸消化法。土壤与浓硫酸及还原性催化剂共同加热，使有机氮转化成氨，并与硫酸结合成硫酸铵；无机的铵态氮转化成硫酸铵；极微量的硝态氮在加热过程中逸出损失；有机质氧化成 CO_2。样品消化后，再用浓碱蒸馏，使硫酸铵转化成氨逸出，并被硼酸所吸收，最后用标准酸滴定。主要反应可用下列方程式表示：

$$NH_2 \cdot CH_2CO \cdot NH\text{-}CH_2COOH + H_2SO_4 =\!=\!= 2NH_2\text{-}CH_2COOH + SO_2 + [O]$$

$$NH_2\text{-}CH_2COOH + 3H_2SO_4 =\!=\!= NH_3 + 2CO_2 \uparrow + 3SO_2 \uparrow + 4H_2O$$

$$2NH_2\text{-}CH_2COOH + 2K_2Cr_2O_7 + 9H_2SO_4 =\!=\!= (NH_4)_2SO_4 + 2K_2SO_4 +$$

$$2Cr_2(SO_4)_3 + 4CO_2 \uparrow + 10H_2O$$

$$(NH_4)_2SO_4 + 2NaOH =\!=\!= Na_2SO_4 + 2H_2O + 2NH_3 \uparrow$$

$$NH_3 + H_3BO_3 =\!=\!= H_3BO_3 \cdot NH_3$$

$$H_3BO_3 \cdot NH_3 + HCl =\!=\!= H_3BO_3 + NH_4Cl$$

（1）总氮测定的土壤消解。称取 0.2g 过 0.5mm 土壤筛的土样（准确到 0.001g）于 100mL 三角烧瓶中，加 1g 硫酸钾。加少量去离子水（1mL）润湿之后加 6mL 浓硫酸（密度为 1.84g/cm³），此时放在电炉上消煮并在瓶口上盖一小漏斗，以便硫酸形成回流。开始时需要经常轻轻摇动，防止瓶底因受热不匀而破裂，但不得将样品摇到瓶口。硫酸钾完全溶化后，消煮 10～15min，此时瓶壁已形成硫酸回流。将瓶壁上的黑点摇动洗下。当溶液变为酱油色时立即冷却。冷却后（冷却至 110℃ 以下）加 70% 高氯酸 2 滴（100μL）（加 3 滴测氮结果会偏低），再用 0.5～1.0mL 去离子水将漏斗上的黑色液体洗入瓶内摇匀，继续消煮。当液体沸腾时，立即切断电源，使溶液在余温中继续消化。这时溶液由酱色变为棕色，沸腾停止即可接通电源消化。重复三次，即可得澄清的无色溶液，此时再消煮 3min 即可冷却；稀释定容于 100mL 容量瓶中，作全氮全磷的待测液。

（2）总氮测定过程。在 100mL 的三角瓶中加入 15mL 硼酸和 2 滴（100μL）定氮混合指示剂，摇匀后置于预热的凯氏定氮仪冷凝管下。取消解后滤液 10mL 于蒸馏瓶中，加入 20mL、40% 的 NaOH 溶液，置于凯氏定氮仪蒸馏管下立即蒸馏慢慢持续摇动三角瓶，以便硼酸对氮吸收完全（摇动时注意冷凝管不能离开液面）。蒸馏液达到 100mL 时停止蒸馏，以少量水冲洗冷凝管头（先取出冷凝管，后关气，以防止倒吸）。然后用 0.02mol/L 盐酸（HCl）标准液滴定，溶液由蓝色变为酒红色时即为终点。记下消耗标准盐酸的毫升数。测定时同时要做空白试验，除不加试样外，其他操作相同。

（3）结果计算。

$$m(N)_\% = [(V - V_0) \times N \times 0.014]/样品重 \times 100\%$$

式中　V——滴定时消耗标准盐酸的毫升数，mL；

　　　V_0——滴定空白时消耗标准盐酸的毫升数，mL；

N——标准盐酸的摩尔浓度，mol/L；

0.014——氮原子的毫摩尔质量，g/mmol；

100%——换算成百分数。

3.2.2.2 试剂配置

试剂配置如下：

（1）40%氢氧化钠（NaOH）溶液：称取工业用氢氧化钠（NaOH）400g，加水溶解不断搅拌，再稀释定容至1000mL贮于塑料瓶中。

（2）2%硼酸溶液：称取20g硼酸加入热蒸馏水中（60℃）溶解，冷却后稀释定容至1000mL，最后用稀盐酸（HCl）或稀氢氧化钠（NaOH）调节pH值至4.5（定氮混合指示剂显葡萄酒红色，需调节pH值的试剂需在玻璃烧杯中配制）。

（3）定氮混合指示剂：称取0.1g甲基红和0.5g溴甲酚绿指示剂放入玛瑙研钵中，加入100mL、95%酒精研磨溶解，此液应用稀盐酸（HCl）或氢氧化钠（NaOH）调节pH值至4.5（调节pH值的试剂需在玻璃烧杯中配制）。

（4）0.02mol/L盐酸标准溶液：取浓盐酸（密度为1.19g/cm³）1.67mL，用蒸馏水稀释定容至1000mL，然后用标准碱液或硼砂标定。

3.2.2.3 注意事项

注意事项如下：

（1）在使用蒸馏装置前，要先空蒸5min左右，把蒸汽发生器及蒸馏系统中可能存在的含氮杂质去除干净，并用纳氏试剂检查。

（2）若蒸馏产生倒吸现象，可再补加硼酸吸收液，仍可继续蒸馏。

（3）在蒸馏过程中必须冷凝充分，否则会使吸收液发热，使氨因受热而挥发，影响测定结果。

（4）蒸馏时不要使开氏瓶内温度太低，使蒸气充足，否则易出现倒吸现象。另外，在实验结束时要先取下三角瓶，然后停止加热，或降低三角瓶使冷凝管下端离开液面。

（5）由于电热板加热不均匀，需待液体全部沸腾后才算液体沸腾。不同土壤颜色变化不同，如沙子消煮过程中很少有酱色出现。

（6）用蒸馏水清洗冷凝管后做空白实验，凯氏定氮仪预热后先用蒸馏水清洗仪器。

3.2.3 总磷测定方法

土壤消解过程同 3.2.2.1 总氮的测定。土壤全磷的测定也可采用硫酸-高氯酸消煮法。

3.2.3.1 分析原理与步骤

在高温条件下，土壤中含磷矿物及有机磷化合物与高沸点的硫酸和强氧化剂高氯酸作用，使之完全分解，全部转化为正磷酸盐而进入溶液，然后用钼锑抗比色法测定。土壤消解方法同总氮测定。

（1）标准曲线的绘制。分别吸取 5mg/L 标准溶液 0mL、1mL、2mL、3mL、4mL、5mL、6mL 于 50mL 容量瓶中，加水稀释约为 30mL，加入钼锑抗显色剂 5mL，摇匀定容。即得 0mg/L、0.1mg/L、0.2mg/L、0.3mg/L、0.4mg/L、0.5mg/L、0.6mg/L 的 P 标准系列溶液，与待测溶液同时比色，读取吸收值。在方格坐标纸上以吸收值（A）为纵坐标，P mg/L 数为横坐标，绘制成标准曲线。

（2）总磷的测定。吸取消解后滤液 2~10mL 于 50mL 比色管中，用水稀释至 30mL，加二硝基酚指示剂 2 滴（100μL），用稀氢氧化钠（NaOH）溶液和稀硫酸（H_2SO_4）溶液调节 pH 至溶液刚呈微黄色（酸性为无色，碱性为黄色，调至在白色背景下为微黄色）。加入钼锑抗显色剂 5mL，用水定容至 50mL 刻度，摇匀（注意不要将溶液洒出来）。在室温高于 15℃ 的条件下放置 30min 后，在分光光度计上以 700nm 的波长比色，以空白试验溶液为参比液调零点，读取吸收值，在标准曲线上查出显色液的 P 浓度（mg/L）。注意测定排除比色皿误差。

（3）结果计算。

$$W(P)_{\%,\,\text{全}} = \text{显色液} \times \text{显色液体积} \times \text{分取倍数} \div (W \times 10^6) \times 100\%$$

式中 显色液——P，mg/L，从标准曲线上查得；

显色液体积——本操作中为 50mL；

分取倍数——消煮溶液定容体积/吸取消煮溶液体积；

10^6——将 μg 换算成 g；

W——土样重，g。

两次平行测定结果允许误差为 0.005%。

3.2.3.2 试剂配置

试剂配置如下：

（1）磷（P）标准溶液。准确称取 45℃烘干 4~8h 的分析纯磷酸二氢钾 0.2197g 于小烧杯中，以少量水溶解，将溶液全部洗入 1000mL 容量瓶中，用水定容至刻度，充分摇匀，此溶液即为含 50mg/L 的磷基准溶液。吸取 50mL 此溶液稀释至 500mL，即为 5mg/L 的磷标准溶液（此溶液不能长期保存）。比色时按标准曲线系列配制。

（2）硫酸钼锑贮存液。取蒸馏水约 400mL，放入 1000mL 烧杯中，将烧杯浸在冷水中，然后缓缓注入分析纯浓硫酸 208.3mL，并不断搅拌，冷却至室温。另称取分析纯钼酸铵 20g 溶于约 60℃的 200mL 蒸馏水中，冷却。然后将硫酸溶液徐徐倒入钼酸铵溶液中，不断搅拌，再加入 100mL、0.5%酒石酸锑钾溶液，用蒸馏水稀释至 1000mL，摇匀贮于试剂瓶中。

（3）二硝基酚。称取 0.25g 二硝基酚溶于 100mL 蒸馏水中。

（4）钼锑抗混合色剂。在 100mL 钼锑贮存液中，加入 1.5g 左旋［旋光度（+21°)-(+22°)］抗坏血酸，此试剂有效期为 24h，宜用前现用现配。

3.2.4　有机质测定方法

土壤有机质既是植物矿质营养和有机营养的源泉，又是土壤中异养型微生物的能源物质，同时也是形成土壤结构的重要因素。测定土壤有机质含量的多少，在一定程度上可说明土壤的肥沃程度。因为土壤有机质直接影响着土壤的理化性状。

3.2.4.1　分析原理与步骤

在加热的条件下，用过量的重铬酸钾-硫酸（$K_2Cr_2O_7$-H_2SO_4）溶液，来氧化土壤有机质中的碳，$Cr_2O_7^{2-}$ 等被还原成 Cr^{3+}，剩余的重铬酸钾（$K_2Cr_2O_7$）用硫酸亚铁（$FeSO_4$）标准溶液滴定，根据消耗的重铬酸钾量计算出有机碳量，再乘以常数 1.724，即为土壤有机质量。其反应式为：

$$2K_2Cr_2O_7 + 3C + 8H_2SO_4 =\!=\!= 2K_2SO_4 + 2Cr_2(SO_4)_3 + 3CO_2\uparrow + 8H_2O$$

$$K_2Cr_2O_7 + 6FeSO_4 + 7H_2SO_4 =\!=\!= K_2SO_4 + Cr_2(SO_4)_3 + 3Fe_2(SO_4)_3 + 7H_2O$$

（1）有机质测定。在分析天平上准确称取通过 100 目筛子（0.149mm）的风干土壤样品 0.1~1g（精确到 0.0001g），用长条蜡光纸把称取的样品全部倒入干的硬质试管中，用移液管缓缓准确加入 0.8000mol/L 重铬酸钾标准溶液 5mL（如果土壤中含有氯化物需先加 0.1g 的 Ag_2SO_4），用注射器加入

浓 H_2SO_4 5mL 充分摇匀，在试管口加一小漏斗。加沸石且此时溶液应为橙黄色，若溶液为绿色则说明重铬酸钾用量不足，应减少样品量重做；预先将液体石蜡油或植物油浴锅加热至 185~190℃，将试管放入铁丝笼中，然后将铁丝笼放入油浴锅中加热，放入后温度应控制在 170~190℃，待试管中液体沸腾发生气泡时开始计时，煮沸 5min，取出试管，稍冷，擦净试管外部油液。这里需要严格控制温度和时间；冷却后，用 60mL 蒸馏水将试管内容物小心仔细地全部洗入 100mL 的三角瓶中，加入 2 滴邻啡罗啉指示剂，用 0.2mol/L 的标准硫酸亚铁（$FeSO_4$）溶液滴定，滴定过程中不断摇动内容物，溶液由橙黄色经过蓝绿色变为砖红色即为终点，记取 $FeSO_4$ 滴定毫升数（V）；在测定样品的同时必须做两个空白试验，取其平均值。可用石英砂代替样品，其他过程同上。

（2）结果计算。

$$土壤有机碳 = \frac{\dfrac{c \times 5}{V_0} \times (V_0 - V) \times 10^{-3} \times 3.0 \times 1.1}{m \times k} \times 1000 \, (g/kg)$$

式中 c——0.8000mol/L（$1/6K_2Cr_2O_7$）标准溶液浓度；

    5——重铬酸钾标准溶液加入的体积毫升数；

    V_0——滴定空白液时所用去的硫酸亚铁毫升数；

    V——滴定样品液时所用去的硫酸亚铁毫升数；

  3.0——1/4 碳原子的摩尔质量；

  1.1——氧化校正系数；

  m——风干土样质量；

  k——将风干土换算成烘干土的系数。

土壤有机质=土壤有机碳×1.724（土壤有机碳换成土壤有机质的平均换算系数）

3.2.4.2 试剂配置

试剂配置如下：

（1）0.8000mol/L（$1/6 \ K_2Cr_2O_7$）的标准溶液。准确称取分析纯重铬酸钾（$K_2Cr_2O_7$）39.2245g 溶于蒸馏水中，冷却后稀释至 1L。

（2）0.2mol/L $FeSO_4$ 标准溶液。准确称取分析纯硫酸亚铁（$FeSO_4 \cdot 7H_2O$）56g 溶解于蒸馏水中，加浓硫酸（H_2SO_4）5mL，然后加水稀释至 1L。

（3）邻啡罗啉指示剂。称取分析纯邻啡罗啉 1.485g，化学纯硫酸亚铁

（$FeSO_4 \cdot 7H_2O$）0.695g，溶于 100mL 蒸馏水中，贮于棕色滴瓶中（此指示剂以临用时配制为好）。

3.2.4.3 注意事项

注意事项如下：

（1）根据样品有机质含量决定称样量。有机质含量在大于 50g/kg 的土样称 0.1g，20~40g/kg 的称 0.3g，少于 20g/kg 的可称 0.5g 以上。

（2）消化煮沸时，必须严格控制时间和温度。

（3）最好用液体石蜡或磷酸浴代替植物油，以保证结果准确。磷酸浴需用玻璃容器。

（4）对含有氯化物的样品，可加少量硫酸银除去其影响。对于石灰性土样，需慢慢加入浓硫酸，以防由于碳酸钙的分解而引起剧烈发泡。对水稻土和长期渍水的土壤，必须预先磨细，在通风干燥处摊成薄层，风干 10 天左右。

（5）一般滴定时消耗硫酸亚铁量不小于空白用量的 1/3，否则，氧化不完全，应弃去重做。消煮后溶液以绿色为主，说明重铬酸钾用量不足，应减少样品量重做。

3.2.5 速效氮测定方法

土壤水解性氮亦称有效性氮，包括无机的矿物态氮和部分有机物质中易分解的，比较简单的有机态氮。它是 NH_4^+-N、NO_3^--N、氨基酸、酰胺和易水解的蛋白质氮的总和。水解性氮的含量与有机质含量及质量有关。有机质含量高，熟化程度高、有效性氮含量亦高；反之则低。水解性氮较能反映近期内土壤氮素的供应状况。

3.2.5.1 分析原理与步骤

土壤水解性氮的测定方法常用的有碱解蒸馏法和扩散吸收法。本书选用扩散吸收法。在扩散皿中，用 1.0mL/L 的 NaOH 水解土壤，使易水解态氮（潜在有效氮）碱解转化为 NH_3，NH_3 扩散后为 H_3BO_3 吸收。H_3BO_3 吸收液中的 NH_3 再用标准酸滴定，然后计算土壤中水解性氮的含量。

（1）速效氮测定。称取过 2mm 筛的风干土 2.00g，置于扩散皿外室，加入 0.2g 硫酸亚铁粉末（0.3658g 七水合硫酸亚铁）。轻轻地旋转扩散皿，使土壤均匀地铺平。取 2mL 的 H_3BO_3 并加 1 滴定氮混合指示剂于扩散皿内室。然后在扩散皿外室边缘涂上碱性胶液，盖上盖子，旋转数次，使扩散皿边与盖完全封合。再渐渐转开盖子一边，使扩散皿外室露出一条狭缝，迅速加入 12mL、1mol/L 的 NaOH 溶液，立即盖严，再用橡皮筋圈紧，使盖子固定。轻轻摇动扩散皿，试碱液与土壤充分混合（注意不要让扩散皿外室碱液进入内室）。随后放入（40±1）℃恒温箱中，碱解扩散（24±0.5)h 后取出（期间摇动 3~5 次以加速 NH$_3$ 的扩散吸收）。内室吸收液中的 NH$_3$ 用 0.005mol/L 的 H$_2$SO$_4$ 标准溶液滴定，溶液颜色由蓝色变为紫灰色（或微红色）即为终点，记录硫酸用量（mL）。在样品测定同时进行空白试验，以校正试剂引起的滴定误差。注意不要让扩散皿外室土壤和碱液进入内室，操作过程尽量快，防止气体挥发。沿着扩散皿切线方向晃动更易混匀。

（2）结果计算。

$$速效氮（或碱解氮）＝（V － V_0）× C × 14.0 × 1000/W(mg/kg)$$

式中　V——滴定样品用去的 H$_2$SO$_4$ 毫升数，mL；

　　　V_0——滴定空白用去的 H$_2$SO$_4$ 毫升数，mL；

　　　C——H$_2$SO$_4$ 标准液的浓度，0.005mol/L；

14.0——氮的摩尔质量 $M(N)$，14g/mol；

1000——换算成 mg/kg 的因子数；

　　　W——土壤样品重量，g。

3.2.5.2　试剂配置

试剂配置如下：

（1）1mol/L 的氢氧化钠（NaOH）溶液：40.0g NaOH（化学纯）溶于水，冷却后稀释至 1L。

（2）20g/L 的硼酸（H$_3$BO$_3$）溶液。称取 20g 硼酸加入 950mL、60℃左右的热蒸馏水溶解。最后小心滴加 0.1mol/L 的氢氧化钠（NaOH）溶液调节 pH 值至 4.5（定氮混合指示剂显葡萄酒红色）。冷却后稀释定容至 1000mL（调节 pH 值的试剂需在玻璃烧杯中配制）。

（3）0.005mol/L 的硫酸（1/2 H$_2$SO$_4$）标准溶液：先配制 0.1mol/L 的 H$_2$SO$_4$ 溶液，标定后稀释 20 倍。

（4）定氮混合指示剂：分别称取 0.1g 甲基红和 0.5g 溴甲酚绿指示剂，放入玛瑙研钵中，并用 100mL、95%酒精研磨溶解。此液用稀盐酸或稀氢氧化钠溶液调到 pH 值至 4.5。此处注意调节 pH 值的试剂均需在玻璃烧杯中配制。

（5）碱性胶液：阿拉伯胶 40g 和水 50mL 在烧杯中温热至 70~80℃，搅拌促溶，放冷（约 1h）后，加入 20mL 甘油和 20mL 饱和 K_2CO_3 溶液，搅拌、放冷。离心除去泡沫和不溶物，清液储于玻璃瓶中备用。

（6）硫酸亚铁粉末：将硫酸亚铁（化学纯）磨成细粉末后使用。

3.2.5.3 注意事项

注意事项如下：

（1）微量扩散皿使用前必须彻底清洗。利用小刷去除残余后，再依次使用软清洁剂、稀酸、自来水和蒸馏水冲洗。

（2）由于碱性胶液的碱性很强，因此在涂胶和洗涤扩散皿时，必须特别细心，谨防污染内室，致使数据错误。

（3）滴定时要用小玻璃棒小心搅动吸收液（内室），切不可摇动扩散皿，以防外室碱液影响。

3.2.6 速效磷测定方法

3.2.6.1 测定原理与步骤

石灰性土壤由于大量游离碳酸钙存在，不能用酸溶液来提有效磷。一般用碳酸盐的碱溶液。由于碳酸根的同离子效应，碳酸盐的碱溶液降低碳酸钙的溶解度，也就降低了溶液中钙的浓度，这样就有利于磷酸钙盐的提取。同时由于碳酸盐的碱溶液，也降低了铝和铁离子的活性，有利于磷酸铝和磷酸铁的提取。此外，碳酸氢钠碱溶液中存在着 OH^-、HCO_3^-、CO_3^{2-} 等阴离子，有利于吸附态磷的置换，因此碳酸氢钠（$NaHCO_3$）浸提法不仅适用于石灰性土壤，也适应于中性和酸性土壤中速效磷的提取。待测液中的磷用钼锑抗试剂显色，进行比色测定。

（1）标准曲线绘制。分别准确吸取 5μg/mL 磷标准溶液 0mL、1.0mL、2.0mL、3.0mL、4.0mL、5.0mL 于 100mL 三角瓶中，再加入 0.5mol/L $NaHCO_3$ 10mL，准确加水使各瓶的总体积达到 45mL，摇匀。最后加入钼锑抗试剂 5mL，混匀显色。同待测液一样进行比色，绘制标准曲线。最后，溶液中磷的浓度分别为 0μg/mL、0.1μg/mL、0.2μg/mL、0.3μg/mL、0.4μg/mL、0.5μg/mL。

（2）速效磷测定。称取通过 20 目（0.841mm）筛子的风干土样 2.5g（精确到 0.001g）于 250mL 的三角瓶中。加入 50mL、0.5mol/L 的 $NaHCO_3$

浸提液,再加一勺(约5g)无磷活性炭(瓶装)。然后再塞紧瓶塞,在振荡机上振荡30min(150~180r/min)。立即用无磷滤纸(定量滤纸)过滤,滤液承接于100mL三角瓶中(滤纸含磷时需同时做空白过滤实验)。滤液应为透明无色。吸取滤液10mL于50mL比色管中。含磷量高时吸取2.5~5.0mL,同时应补加0.5mol/L NaHCO$_3$溶液至10mL。加入蒸馏水20mL。加二硝基酚指示剂2滴,用稀氢氧化钠(NaOH)溶液和稀硫酸(H$_2$SO$_4$)溶液调节pH值至溶液刚呈微黄色(酸性为无色,碱性为黄色,调至在白色背景下为微黄色,调pH时,小心缓慢滴加酸液和碱液,防止产生CO$_2$使溶液喷溅出瓶口)。等CO$_2$充分放出后开始下一步骤。加入钼锑抗试剂5mL,定容至50mL,摇匀。放置30min后,用700nm波长进行比色。以空白液(NaHCO$_3$溶液)的吸收值调零,读出待测液的吸收值(A)。需要测比色皿误差以校正。

(3)结果计算。

$$土壤中速效磷(P)含量 = \frac{\rho \times V \times ts}{m \times 10^3 \times k} \times 1000(mg/kg)$$

式中 ρ——从工作曲线上查得磷的质量浓度,$\mu g/mL$;

m——风干土质量,g;

V——显色时溶液定容的体积,mL;

10^3——将ρ值单位中的μg换算成mg;

ts——分取倍数(即浸提液总体积与显色时吸取浸提液体积之比);

k——将风干土换算成烘干土质量的系数;

1000——换算成每千克含磷量。

3.2.6.2 试剂配置

试剂配置如下:

(1)0.5mol/L碳酸氢钠(NaHCO$_3$)浸提液(pH=8.5)。称取化学纯碳酸氢钠(NaHCO$_3$)42.0g溶于800mL水中,以0.5mol/L氢氧化钠调节pH至8.5,洗入1000mL容量瓶中,定容至刻度,贮存于试剂瓶中。此溶液贮存于塑料瓶中比在玻璃瓶中容易保存,若贮存超过1个月,应检查pH值是否改变。

(2)无磷活性炭。活性炭常常含有磷,应做空白试验,检查有无磷存在。如含磷较多,需先用2mol/L盐酸(HCl)浸泡过夜,用蒸馏水冲洗多次后，再用0.5mol/L碳酸氢钠（NaHCO₃）浸泡过夜，在平瓷漏斗上抽气过滤，每次用少量蒸馏水淋洗多次，并检查到无磷为止。如含磷较少，则直接用碳酸氢钠（NaHCO₃）处理即可。最后烘干备用。

（3）磷标准溶液。准确称取45℃烘干4～8h的分析纯磷酸二氢钾（KH₂PO₄）0.4390g于小烧杯中，以少量水溶解，将溶液全部洗入1000mL容量瓶中，用水定容至刻度，充分摇匀，此溶液即为含100mg/L的磷基准溶液。吸取50mL此溶液稀释至1000mL，即为5mg/L的磷标准溶液（此溶液不能长期保存）。比色时按标准曲线系列配制。

（4）硫酸钼锑贮存液。取蒸馏水约400mL，放入1000mL烧杯中，将烧杯浸在冷水中，然后缓缓注入分析纯浓硫酸208.3mL，并不断搅拌，冷却至室温。另称取分析纯钼酸铵20g溶于约60℃的200mL蒸馏水中，冷却。然后将硫酸溶液徐徐倒入钼酸铵溶液中，不断搅拌，再加入100mL、0.5%酒石酸锑钾溶液，用蒸馏水稀释至1000mL，摇匀贮于试剂瓶中。

（5）二硝基酚。称取0.25g二硝基酚溶于100mL蒸馏水中。

（6）钼锑抗混合色剂。在100mL钼锑贮存液中，加入1.5g左旋抗坏血酸，此试剂有效期24h，宜用前配制。

3.2.6.3 注意事项

注意事项如下：

（1）土壤阴干和长期储存会对有效磷有较小影响。

（2）浸提温度为20～25℃效果较好。

（3）显色温度为15～60℃，室温太低，比色时会有蓝色沉淀。短时间热水浴即可溶解。

3.2.7 硝态氮测定方法

3.2.7.1 分析原理与步骤

土壤浸出液中的NO₃⁻，在紫外分光光度计波长220nm处有较高吸光度，而浸出液中的其他物质，除OH⁻、CO₃²⁻、HCO₃⁻、NO₂⁻和有机质等外，吸光度均很小。将浸出液加酸中和酸化，即可消除OH⁻、CO₃²⁻、HCO₃⁻的干扰。NO₂⁻一般含量极少，也很容易消除。因此，用校正因数法消除有机质的干扰后，即可用紫外分光光度法直接测定NO₃⁻的含量。

待测液酸化后，分别在220nm、210nm和275nm处测定吸光度。A_{220}是

NO_3^- 和以有机质为主的杂质的吸光度；A_{275} 只是有机质的吸光度，因为 NO_3^- 在 275nm 处已无吸收。但有机质在 275nm 处的吸光度比在 210nm 处的吸光度要小 R 倍（$R \approx 2.23$，南京土壤所），故将 A_{275} 校正为有机质在 220nm 处应有的吸光度后，从 A_{210} 中减去，即得 NO_3^- 在 220nm 处的吸光度（ΔA）。

（1）标准曲线的绘制。分别吸取 10mg/L NO_3^--N 标准溶液 0mL、1.00mL、2.00mL、4.00mL、6.00mL、8.00mL，用氯化钾浸提剂定容至 50mL，即为 0mg/L、0.2mg/L、0.4mg/L、0.8mg/L、1.2mg/L、1.6mg/L 的标准系列溶液。各取 20.00mL 于 50mL 三角瓶中，分别加 1.00mL（1∶9）H_2SO_4 溶液，摇匀后测 A_{220}，计算 A_{220} 对 NO_3^--N 浓度的回归方程，或者绘制工作曲线。

（2）浸提。主要采用 ISO/TS 14256-1：2003（en）中规定的浸提方法。称样量为 10.00g，放入 250mL 塑料瓶中，加入 100mL 氯化钾（钠）溶液 [$c(KCl) = 2mol/L$]（优先使用氯化钾溶液）。盖严瓶盖，摇匀。浸提温度为（25±2）℃，在往复式震荡机上振荡浸提 1h [（200±20）r/min]。静置直至土壤-KCl 悬浮液澄清（约 30min）。吸取一定量上层清液进行分析。如果不能在 24h 内进行，用滤纸过滤悬浊液，将滤液储存在冰箱中备用。若同时测定土壤 NH_4^+-N 和 NO_3^--N，则需用 1mol/L NaCl 溶液为浸提剂。

（3）硝态氮测定。吸取 20.00mL 待测液于 50mL 三角瓶中，加 1.00mL（1∶9）H_2SO_4 溶液酸化，摇匀。用 1cm 光径的石英比色皿在 220nm 和 275nm 处测读吸光值（A_{220} 和 A_{275}），以酸化的浸提剂（氯化钾溶液）调零。以 NO_3^- 的吸光值（ΔA）通过标准曲线求得测定液中硝态氮含量。空白测定除不加试样外，其余均同样品测定（测比色皿误差）。

NO_3^- 的吸光值（ΔA）可由下式求得：$\Delta A = A_{220} - A_{275} \times R$，此处 R 取值 2.23（南京土壤所通过测试全国 9 种不同土质结果分析所得）。

（4）计算结果。

$$土壤硝态氮 = \frac{\rho(N) \cdot V \cdot D}{m} \quad (mg/kg)$$

式中　$\rho(N)$——查标准曲线或求回归方程而得测定液中 NO_3^--N 的质量浓度，mg/kg；

　　　V——浸提剂体积，mL；

　　　D——浸出液稀释倍数；

　　　m——土壤质量，g。

3.2.7.2 试剂配置

试剂配置如下：

（1）H_2SO_4 溶液（1∶9）：取 10mL 浓硫酸缓缓加入 90mL 水中。

（2）氯化钾浸提剂 [$c(KCl) = 2mol/L$]：称取 149.12g KCl（化学纯）溶于水中，稀释至 1L。

（3）氯化钠浸提剂 [$c(NaCl) = 1mol/L$]：称取 58.44g NaCl（化学纯）溶于水中，稀释至 1L。

（4）硝态氮标准贮备液 [$\rho(N) = 100mg/L$]：准确称取 0.7217g 经 105～110℃烘 2h 的硝酸钾（KNO_3，优级纯）溶于水，定容至 1L，加 2mL 三氯甲烷防腐。存放于冰箱中有效期可达 6 个月。

（5）硝态氮标准溶液 [$\rho(N) = 10mg/L$]：测定当天吸取 10.00mL 硝态氮标准贮备液于 100mL 容量瓶中用水定容。

3.2.7.3 注意事项

注意事项如下：

（1）土壤硝态氮含量一般用新鲜样品测定，如需以硝态氮加铵态氮反映无机氮含量，则可用风干样品测定。

（2）一般土壤中 NO_2^- 含量很低，不会干扰 NO_3^- 的测定。如果 NO_2^- 含量高时，可用氨基磺酸消除（$HNO_2 + NH_2SO_3H = N_2 + H_2SO_4 + H_2O$），它在 210nm 处无吸收，不干扰 NO_3^- 测定。

（3）浸出液的盐浓度较高，操作时最好用滴管吸取注入槽中，尽量避免溶液溢出槽外，污染槽外壁，影响其透光性。

（4）大批样品测定时，可先测完各液（包括浸出液和标准系列溶液）的 A_{210} 值，再测 A_{275} 值，以避免逐次改变波长所产生的仪器误差。

（5）如需同时测定土壤 NH_4^+-N，可选用 2mol/L KCl 或 1mol/L NaCl 溶液制备浸提剂。但 2mol/L KCl 溶液本身在 210nm 处吸光度较高，因此同时测定土壤 NH_4^+-N 和 NO_3^--N 时，可选用吸光度较小的 1mol/L NaCl 溶液为浸提剂。

（6）根据北京和河北石灰性 15 个土壤样品的测定结果，校正因素（R）的平均值为 3.6，不同土类的 R 值略有差异，各地可根据主要土壤情况进行校验，求出当地土壤的 R 值。

（7）如果吸光度很高（$A>1$ 时），可从比色槽中吸出一半待测液，再加一半水稀释，重新测读吸光度，如此稀释直至吸光度小于 0.8。再按稀释倍数，用浸提剂将浸出液准确稀释测定。

3.2.8　铵态氮测定方法

3.2.8.1　分析原理与步骤

利用 2mol/L 的 KCl 溶液浸提土壤，把吸附在土壤胶体上的 NH_4^+ 及水溶性 NH_4^+ 浸提出来，之后测定原理同凯氏定氮法。

（1）浸提。主要采用 ISO/TS 14256-1：2003（en）中规定的浸提方法。称样量为 10.00g，放入 250mL 塑料瓶中，加入 100mL 氯化钾（钠）溶液 $[c(KCl)=2mol/L]$（优先使用氯化钾溶液）。盖严瓶盖，摇匀。浸提温度为 $(25±2)$ ℃，在往复式震荡机上振荡浸提 1h $[(200±20)r/min]$。静置直至土壤-KCl 悬浮液澄清（约 30min）。吸取一定量上层清液进行分析。如果不能在 24h 内进行，用滤纸过滤悬浊液，将滤液储存在冰箱中备用。

注：同时测定土壤 NH_4^+-N 和 NO_3^--N 时，需用 1mol/L NaCl 溶液为浸提剂。

（2）NH_4^+-N 测定。在 50mL（100mL）三角瓶中，加 5mL 硼酸和适量指示剂（2 滴定氮混合指示剂），置于凯氏定氮仪冷凝管下。

吸取 20mL 土壤浸提液于蒸馏瓶中，加入 0.2g 氧化镁后立即蒸馏。慢慢持续摇动三角瓶（摇动时注意冷凝管不能离开液面），以便硼酸对氨氮吸收完全。

蒸馏液达到 80mL 后停止蒸馏，以少量水冲洗冷凝管头。先取出冷凝管，后关气，以防止倒吸。

NH_4^+-N 用 0.005mol/L H_2SO_4 标准溶液滴定，溶液颜色由蓝色变为紫灰色（或淡红色）即为终点，记录硫酸用量（mL）。

（3）结果计算。铵态氮含量计算方法同总氮。

3.2.8.2　试剂配置

（1）氯化钾浸提剂 $[c(KCl)=2mol/L]$：称取 149.12g KCl（化学纯）溶于水中，稀释至 1L。

（2）氯化钠浸提剂 $[c(NaCl)=1mol/L]$：称取 58.44g NaCl（化学纯）溶于水中，稀释至 1L。

（3）0.005mol/L 的硫酸（$1/2H_2SO_4$）标准溶液：先配制 0.1mol/L 的 H_2SO_4 溶液，标定后稀释 20 倍。

3.2.8.3 注意事项

用蒸馏水清洗冷凝管后做空白实验，凯氏定氮仪预热后先用蒸馏水清洗仪器。

3.2.9 速效钾测定方法

3.2.9.1 分析原理与步骤

以中性 1mol/L 醋酸铵（NH_4OAc）溶液为浸提剂，NH_4^+ 与土壤胶体表面的 K^+ 进行交换，连同水溶性的 K^+ 一起进入溶液，浸出液中的钾可用火焰光度计法直接测定。

（1）速效钾测定。称取风干土样（1mm 孔径）5.00g 于 100mL 三角瓶中。加 1mol/L 中性醋酸铵（NH_4OAc）溶液 50.0mL（土液比为 1∶10），用橡皮塞塞紧，在 20~25℃下振荡（120r/min）30min。浸提悬浮液用普通定性干滤纸过滤至 50mL 小试剂瓶中，待测。滤液与钾标准系列溶液一起在火焰光度计上进行测定，绘制成曲线。根据待测液的读数值查出相对应的 mg/L 数，并计算出土壤中速效钾的含量。

（2）结果计算。

土壤速效钾(K)(mg/kg) = 待测液(mg/L) × 加入浸提剂体积(mL) / 风干土重(g)

3.2.9.2 试剂配置

（1）中性 1.0mol/L NH_4OAc 溶液。称 77.09g 醋酸铵（NH_4OAc）溶于近 1L 水中，用醋酸（HOAc）或氨水（NH_4OH）调节至 pH = 7.0，用蒸馏水定容至 1L。

（2）钾的标准溶液的配制。依据 K^+ 标准溶液浓度，用 1mol/L 的醋酸铵（NH_4OAc）稀释配置浓度分别为 0μg/mL、2.5μg/mL、5μg/mL、10μg/mL、15μg/mL、20μg/mL 和 40μg/mL K^+ 标准系列溶液。

3.2.9.3 注意事项

含醋酸铵（NH_4OAc）的 K^+ 标准溶液配制后不能放置过久，以免长霉，影响测定结果。

3.2.10 电导率测定方法

土壤电导率是制约植物生长代谢和微生物活动的主要决定因素，它从根本上影响土壤中污染物和养分的转化、有效形态及存在形式，一定条件下体现了土壤盐分的实际情况。

在一定范围内，电导率与土壤溶液含盐量呈线性关系，盐溶解的越多，电导率也就越大，所以可根据溶液电导率的大小，来间接地衡量土壤含盐量多少。它是衡量土壤盐分多少的一个重要指标，在土壤理化性质监测中是一个必备指标。

通常我们用土壤浸提液电导率来表示。通常水与土壤的比例是 2.5∶1。称取各个过 0.5mm 土壤筛的风干土样品 10.00g 置于三角瓶中，按照 2.5∶1 的液土比加去离子水。加入清洁磁转子后，放到磁力搅拌器上搅拌 1min，静置 30min 后，用 DDS-11A 型电导率仪对上清液进行 EC 测定。

3.2.11 重金属元素测定方法

使用电子天平准确称量经过 200 目（0.075mm）筛的土样 0.2000g（精确到 0.0001g），将称量后的土样倒在洁净的聚四氟乙烯消化管中，并向消化管中加入 3mL 盐酸、9mL 硫酸、10mL 氢氟酸。将各消化管放入到通风橱中的消化炉上，等到消化炉的温度达到 200℃ 的时候开始计时，然后拧紧聚四氟乙烯盖子消解 2~3h，直至溶液消解只剩余 2~3mL 或接近干燥，这个时候的溶液几乎呈现无色，再加入 3mL 的高氯酸，继续加热消解 1~2h。然后把消化管盖子打开，让高氯酸受热跑掉，等到管中溶液停止冒白烟时，将消化管取出冷却至室温，再用洁净的蒸馏水清洗消化管管口的结晶体，然后继续消解，使样品更加充分地被消解。在 200℃ 的时候，应该打开盖子持续加热 40min 左右，等到里面溶液接近变干，再重复吹洗一次，等到第二次接近变干的时候，关闭消化炉并冷却，往里面加入早前已经配好的浓度为 0.2% 的稀硝酸 40mL 左右，在摇晃均匀以后用容量瓶定容到 50mL 后导入塑料小瓶中保存备用。元素分析测试同时进行空白实验（消解时不加土壤样品）。使用北京钢研纳克标准液进行各元素的标准曲线绘制，进而进行元素含量的分析测试和质量控制。

全部的消解液样品用电感耦合等离子体原子发射光谱仪（ICP-AES）或石墨炉原子吸收光谱法进行测定，分析土壤中重金属元素含量。所有结果满足实验室质控要求，标准偏差在 ±10% 之间。测量过程中每测量 9~12 个样品，穿插测量 1 次最大浓度的标液，保证标液的回收率为 100%±10% 时继续进行样品测定，否则重新校准设备。

3.2.12 理化性质结果分析

乌梁素海水体与沉积物理化性质详见表 3-1～表 3-3。该湖水体和沉积物的 pH 和电导率（EC）分别为 9.0～9.3 和 1.35～6.25ms/cm（见表 3-1 和表 3-2）。水体和沉积物中各种营养元素含量较高，其中有机碳（TOC）在水体浓度高达 27.62mg/L，在沉积物中高达 18.35g/（kg·干重）；总磷（TP）在水体浓度高达 0.03mg/L，在沉积物中高达 0.62g/（kg·干重）；总氮（TN）在水体浓度高达 1.87mg/L，在沉积物中高达 2.60g/（kg·干重）；其他含氮化合物含量很高，尤其是铵态氮（NH_4^+-N）在水体浓度高达 0.03mg/L，在沉积物中高达 24.45mg/（kg·干重）；硝态氮（NO_3^--N）在水体浓度高达 0.19mg/L，在沉积物中高达 1.28mg/（kg·干重）（见表 3-1 和表 3-2）。沉积物为砂质壤土，黏粒含量为（0.96±0.17）%，粉粒含量为（17.65±1.00）%，砂粒含量为（81.40±1.16）%。且由表 3-3 可以得出，沉积物中重金属污染严重，远超过国家背景值含量。整体而言，乌梁素海湿地系统面临较高的环境压力，盐碱化严重，碳、氮、磷元素负荷较高，尤其是铵态氮严重超标，富营养化严重。

表 3-1 乌梁素海水体基本理化性质

项 目	pH	EC /ms·cm⁻¹	TDS /g·L⁻¹	TOC /mg·L⁻¹	TN /mg·L⁻¹	TP /mg·L⁻¹	NH_4^+-N /mg·L⁻¹	NO_3^--N /mg·L⁻¹
水质类型	9.30±0.03	6.25±0.072	6.21±0.01	27.62±1.45	1.872±0.15	0.033±0.002	0.295±0.01	0.187±0.02
富营养化水	—	—	—	—	0.3	0.02	—	—

注：数值表示平均值±标准误差（$n=3$）。EC 为电导率；TDS 为总溶解固体；TOC 为有机碳；TN 为总氮；TP 为总磷；NH_4^+-N 为铵态氮；NO_3^--N 为硝态氮。

表 3-2 乌梁素海沉积物基本理化性质

土壤质地	WC /%	EC /ms·cm⁻¹	pH (H₂O)	黏粒 /%	粉粒 /%	砂粒 /%	TOC /g·kg⁻¹	TN /g·kg⁻¹	TK /g·kg⁻¹	TP /g·kg⁻¹	NH_4^+-N /mg·kg⁻¹	NO_3^--N /mg·kg⁻¹
砂质壤土	23.93±0.95	1.35±0.22	9.0±0.06	0.96±0.17	17.65±1.00	81.40±1.16	18.35±1.45	2.60±0.43	21.25±0.87	0.67±0.04	24.45±1.63	1.28±0.14

注：TK 为总钾；其他同前表。

表 3-3 乌梁素海沉积物重金属含量测定

重金属含量 /mg·kg⁻¹	Cu	Zn	Pb	Cr	Cd	As	Ni
	33.90±1.30	102.23±5.55	66.85±5.42	71.58±7.38	0.64±0.18	36.60±2.58	31.81±4.22
NSBC	20	67.70	23.60	53.90	0.07	9.20	23.40
Cf	1.70	1.51	2.83	1.33	9.14	3.98	1.36

注：NSBC 为中国土壤背景值；Cf 为污染因子；数值表示平均值±标准误差（$n=3$）。

3.3 土壤/沉积物酶活性分析方法

本书主要介绍常见的五种土壤/沉积物酶活性分析方法，其中：蛋白酶测定采用加勒斯江法；土壤脲酶测定采用苯酚-次氯酸钠比色法；磷酸酶测定采用磷酸苯二钠比色法；蔗糖酶测定采用 3,5-二硝基水杨酸比色法；过氧化氢酶测定采用 $KMnO_4$ 滴定法。

3.3.1 蛋白酶活性测定

蛋白酶参与土壤中存在的氨基酸、蛋白质以及其他含蛋白质氮的有机化合物的转化。它们的水解产物是高等植物的氮源之一。土壤蛋白酶在剖面中的分布与蔗糖酶相似，酶活性随剖面深度而减弱，并与土壤有机质含量、氮素及其他土壤性质有关。

3.3.1.1 分析原理与步骤

蛋白酶能酶促蛋白物质水解成肽，肽进一步水解成氨基酸。测定土壤蛋白酶常用的方法是比色法，根据蛋白酶酶促蛋白质产物-氨基酸与某些物质（如铜盐蓝色络合物或茚三酮等）生成带颜色络合物。依溶液颜色深浅程度与氨基酸含量的关系，求出氨基酸量，以表示蛋白酶活性。

（1）标准曲线绘制。分别吸取 0mL、1mL、3mL、5mL、7mL、9mL、11mL 该工作液于 50mL 容量瓶中即获得甘氨酸浓度分别为 0μg/mL、0.2μg/mL、0.6μg/mL、1.0μg/mL、1.4μg/mL、1.8μg/mL、2.2μg/mL 的标准溶液梯度，然后加入 1mL、2%茚三酮溶液。冲洗瓶颈后将混合物仔细摇荡，并在煮沸的水浴中加热 10min。将获得的着色溶液用蒸馏水稀释至刻度。在 560nm 处进行比色，最后绘制标准曲线。

（2）土壤蛋白酶测定。取 2g 过 1mm 筛的风干土置于 50mL 容量瓶中，加入 10mL、1%用 pH 值为 7.4 的磷酸盐缓冲溶液配制的白明胶溶液和 0.5mL 甲苯（作为抑菌剂抑制微生物活动）；在 30℃恒温箱中培养 24h；培养结束后，将瓶中内容物过滤；取 5mL 滤液置于试管中，加入 0.5mL、0.05mol/L 硫酸和 3mL、20%硫酸钠以沉淀蛋白质，然后滤入 50mL 容量瓶，并加入 1mL、2%茚三酮溶液；将混合物仔细摇荡，并在煮沸的水浴中加热 10min；将获得的着色溶液用蒸馏水稀释定容至刻度线；最后，在 560nm 处进行比色。

用干热灭菌的土壤和不含土壤的基质（如石英砂）作对照，方法如前所述，以除掉土壤原有的氨基酸引起的误差。换算成甘氨酸的量，根据用甘氨酸标液制取的标准曲线查知。

（3）结果计算。土壤蛋白酶的活性，以 24h 后 1g 土壤中甘氨酸的微克数表示。

$$甘氨酸(\mu g/g) = \frac{c \times 50 \times ts}{m}$$

式中，甘氨酸的含量为 24h 后 1g 土壤中甘氨酸的微克数，$\mu g/g$；c 为标准曲线上查得的甘氨酸浓度，$\mu g/mL$；50 为显色液体积，mL；ts 为分取倍数（这里是 2 = 10/5）；m 为土壤质量，g。

3.3.1.2 试剂配制

试剂配制如下：

（1）1%白明胶溶液（用 pH 值为 7.4 的磷酸盐缓冲液配制）。

（2）甲苯。

（3）磷酸盐缓冲液（pH = 7.4）。

（4）0.05mol/L H_2SO_4。

（5）20% Na_2SO_4。

（6）2%茚三酮溶液：将 2g 茚三酮溶于 100mL 丙酮，然后将 95mL 该溶液与 1mL CH_3COOH 和 4mL 水混合制成工作液（该工作液不稳定，只能在使用前配制）。

（7）甘氨酸标准液：浓度为 1mL 含 100μg 甘氨酸的水溶液。0.1g 甘氨酸溶解于 1L 蒸馏水中。再将该标液稀释 10 倍得 10$\mu g/mL$ 的甘氨酸工作液。

3.3.2 脲酶活性测定

脲酶存在于大多数细菌、真菌和高等植物里。它是一种酰胺酶，作用是极为专性的，它仅能水解尿素，水解的最终产物是氨和二氧化碳、水。土壤脲酶活性，与土壤的微生物数量、有机物质含量、全氮和速效磷含量呈正相关。根际土壤脲酶活性较高，中性土壤脲酶活性大于碱性土壤。人们常用土壤脲酶活性表征土壤的氮素状况。

3.3.2.1 分析原理与步骤

土壤中脲酶活性的测定是以尿素为基质经酶促反应后测定生成的氨量，也可以通过测定未水解的尿素量来求得。本方法以尿素为基质，根据酶促产物氨与苯酚——次氯酸钠作用生成蓝色的靛酚，来分析脲酶活性。

（1）标准曲线制作：在测定样品吸光值之前，分别取 0mL、1mL、3mL、5mL、7mL、9mL、11mL、13mL 氨工作液，移于 50mL 容量瓶中，然后补加蒸馏水至 20mL。再加入 4mL 苯酚钠溶液和 3mL 次氯酸钠溶液，随加随摇匀。20min 后显色，定容。1h 内在分光光度计上于 578nm 波长处比色。然后以氨工作液浓度为横坐标，吸光值为纵坐标，绘制标准曲线。

（2）脲酶活性测定。称取 5g 土样于 50mL 三角瓶中，加 1mL 甲苯，振荡均匀，15min 后加 10mL、10%尿素溶液和 20mL、pH 值为 6.7 柠檬酸盐缓冲溶液，摇匀后在 37℃恒温箱培养 24h。

培养结束后过滤，过滤后取 1mL 滤液加入 50mL 容量瓶中，再加 4mL 苯酚钠溶液和 3mL 次氯酸钠溶液，随加随摇匀。20min 后显色，定容。1h 内在分光光度计与 578nm 波长处比色（靛酚的蓝色在 1h 内保持稳定）。

（3）结果计算。以 24h 后 1g 土壤中 $NH_3\text{-}N$ 的毫克数表示土壤脲酶活性（U_{re}）。

$$U_{re} = (a_{样品} - a_{无土} - a_{无基质}) \times V \times n/m$$

式中，$a_{样品}$ 为样品吸光值由标准曲线求得的 $NH_3\text{-}N$ 毫克数，mg；$a_{无土}$ 为无土对照吸光值由标准曲线求得的 $NH_3\text{-}N$ 毫克数，mg；$a_{无基质}$ 为无基质对照吸光值由标准曲线求得的 $NH_3\text{-}N$ 毫克数，mg；V 为显色液体积，mL；n 为分取倍数，浸出液体积/吸取滤液体积；m 为烘干土重，g。

3.3.2.2 试剂配置

试剂配置如下：

（1）甲苯。

（2）10%尿素：称取 10g 尿素，用水溶至 100mL。

（3）柠檬酸盐缓冲溶液（pH = 6.7）：184g 柠檬酸和 147.5g 氢氧化钾

（KOH）溶于蒸馏水。将两溶液合并，用 1mol/L NaOH 将 pH 值调至 6.7，用水稀释定容至 1000mL。

（4）苯酚钠溶液（1.35mol/L）：62.5g 苯酚溶于少量乙醇，加 2mL 甲醇和 18.5mL 丙酮，用乙醇稀释至 100mL（A 液），存于冰箱中；27g NaOH 溶于 100mL 水（B 液）。将 A、B 溶液保存在冰箱中。使用前将 A 液、B 液各 20mL 混合，用蒸馏水稀释至 100mL。

（5）次氯酸钠溶液：用水稀释试剂，至活性氯的浓度为 0.9%，溶液稳定。

（6）氮的标准溶液：精确称取 0.4717g 硫酸铵溶于水并稀释至 1000mL，得到 1mL 含有 0.1mg 氮的标准液；再将此液稀释 10 倍（吸取 10mL 标准液定容至 100mL）制成氮的工作液（0.01mg/mL）。

3.3.2.3　注意事项

注意事项如下：

（1）每一个样品应该做一个无基质对照，以等体积的蒸馏水代替基质，其他操作与样品实验相同，以排除土样中原有的氨对实验结果的影响。

（2）整个实验设置一个无土对照，不加土样，其他操作与样品实验相同，以检验试剂纯度和基质自身分解。

（3）如果样品吸光值超过标曲的最大值，则应该增加分取倍数或减少培养的土样。

3.3.3　磷酸酶活性测定

测定磷酸酶主要根据酶促生成的有机基团量或无机磷量计算磷酸酶活性。前一种通常称为有机基团含量法，是目前较为常用的测定磷酸酶的方法，后一种称为无机磷含量法。

3.3.3.1　分析原理与步骤

研究证明：三种磷酸酶分别有三种最适 pH 值：4~5、6~7、8~10。因此，测定酸性、中性和碱性土壤的磷酸酶，要提供相应的 pH 缓冲液才能测出该土壤的磷酸酶最大活性。测定磷酸酶常用的 pH 缓冲体系有乙酸盐缓冲液（pH=5.0~5.4）、柠檬酸盐缓冲液（pH=7.0）、三羟甲基氨基甲烷缓冲液（pH=7.0~8.5）和硼酸缓冲液（pH=9~10）。磷酸酶测定时常用基质有磷酸苯二钠、酚酞磷酸钠、甘油磷酸钠、α-萘酚磷酸钠或者 β-萘酚磷酸钠等。现介绍磷酸苯二钠比色法。

（1）标准曲线绘制。取 0mL、1mL、3mL、5mL、7mL、9mL、11mL、13mL 酚工作液，置于 50mL 容量瓶中，每瓶加入 5mL 硼酸盐缓冲液和 4 滴氯代二溴对苯醌亚胺试剂，显色后稀释至刻度，30min 后，在分光光度计上 660nm 处比色。以显色液中酚浓度为横坐标，吸光值为纵坐标，绘制标准曲线。

（2）称 5g 土样置于 200mL 三角瓶中，加 2.5mL 甲苯，轻摇 15min 后，加入 20mL、0.5%磷酸苯二钠（酸性磷酸酶用乙酸盐缓冲液；中性磷酸酶用柠檬酸盐缓冲液；碱性磷酸酶用硼酸盐缓冲液），仔细摇匀后放入恒温箱，37℃下培养 24h。然后在培养液中加入 100mL、0.3%硫酸铝溶液并过滤。吸取 3mL 滤液于 50mL 容量瓶，然后按绘制标准曲线方法显色。用硼酸盐缓冲液时，呈现蓝色，于分光光度计上 660nm 处比色。

（3）结果计算。以 24h 后 1g 土壤中释放出的酚的质量（mg）表示磷酸酶活性。

$$磷酸酶活性 = (a_{样品} - a_{无土} - a_{无基质}) \times V \times n/m$$

式中，$a_{样品}$为样品吸光值由标准曲线求得的酚毫克数，mg；$a_{无土}$为无土对照吸光值由标准曲线求得的酚毫克数，mg；$a_{无基质}$为无基质对照吸光值由标准曲线求得的酚毫克数，mg；V为显色液体积，mL；n为分取倍数，浸出液体积/吸取滤液体积；m为烘干土重，g。

3.3.3.2 试剂配置

试剂配置如下：

（1）醋酸盐缓冲液（pH=5.0）。

0.2mol/L 醋酸溶液：11.55mL、95%冰醋酸溶至 1L。

0.2mol/L 醋酸钠溶液：16.4g $C_2H_3O_2Na$ 或 27g $C_2H_3O_2Na \cdot 3H_2O$ 溶至 1L。

取 14.8mL、0.2mol/L 醋酸溶液和 35.2mL、0.2mol/L 醋酸钠溶液稀释至 1L。

（2）柠檬酸盐缓冲液（pH=7.0）。

0.1mol/L 柠檬酸溶液：19.2g $C_6H_7O_8$ 溶至 1L。

0.2mol/L 磷酸氢二钠溶液：53.63g $Na_2HPO_4 \cdot 7H_2O$ 或者 71.7g $Na_2HPO_4 \cdot 12H_2O$ 溶至 1L。

取 6.4mL、0.1mol/L 柠檬酸溶液加 43.6mL、0.2mol/L 磷酸氢二钠溶液稀释至 100mL。

（3）硼酸盐缓冲液（pH=9.6）

0.05mol/L 硼砂溶液：19.05g 硼砂溶至 1L。

0.2mol/L NaOH 溶液：8g NaOH 溶至 1L。

取 50mL、0.05mol/L 硼砂溶液加 23mL、0.2mol/L NaOH 溶液稀释至 200mL。

（4）0.5%磷酸苯二钠（用缓冲液配制）。

（5）氯代二溴对苯醌亚胺试剂。称取 0.125g 氯代二溴对苯醌亚胺，用 10mL、96%乙醇溶解，贮于棕色瓶中，存放在冰箱里。保存的黄色溶液未变褐色之前均可使用。

（6）甲苯。

（7）0.3%硫酸铝溶液。

（8）酚标准溶液。

酚原液：取 1g 重蒸酚溶于蒸馏水中，稀释至 1L，存于棕色瓶中。

酚工作液（0.01mg/mL）：取 10mL 酚原液稀释至 1L。

3.3.3.3 注意事项

注意事项如下：

（1）每一个样品应该做一个无基质对照，以等体积的蒸馏水代替基质，其他操作与样品实验相同，以排除土样中原有的氨对实验结果的影响。

（2）整个实验设置一个无土对照，不加土样，其他操作与样品实验相同，以检验试剂纯度和基质自身分解。

（3）如果样品吸光值超过标曲的最大值，则应该增加分取倍数或减少培养的土样。

3.3.4 蔗糖酶活性测定

蔗糖酶与土壤许多因子有相关性，如与土壤有机质、氮、磷含量，微生物数量及土壤呼吸强度有关，一般情况下，土壤肥力越高，蔗糖酶活性越高。

3.3.4.1 原理与步骤

蔗糖酶酶解所生成的还原糖与 3,5-二硝基水杨酸反应而生成橙色的3-氨基-5-硝基水杨酸。颜色深度与还原糖量相关，因而可用测定还原糖量来表示蔗糖酶的活性。

（1）标准曲线绘制。分别吸 1mg/mL 的标准葡萄糖溶液 0mL、0.1mL、0.2mL、0.3mL、0.4mL、0.5mL 于试管中，再补加蒸馏水至 1mL，加 DNS 试剂 3mL 混匀，于沸水浴中准确反应 5min（从试管放入重新沸腾时算起），取出立即冷水浴中冷却至室温，以空白管调零在波长 508nm 处比色，以 OD 值为纵坐标，以葡萄糖浓度为横坐标绘制标准曲线。

（2）土壤蔗糖酶测定。称取 5g 土壤，置于 50mL 三角瓶中，注入 15mL、8%蔗糖溶液，5mL、pH=5.5 磷酸缓冲液和 5 滴甲苯。摇匀混合物后，放入恒温箱，在 37℃下培养 24h。

到时取出，迅速过滤。从中吸取滤液 1mL，注入 50mL 容量瓶中，加 3mL DNS 试剂，并在沸腾的水浴锅中加热 5min，随即将容量瓶移至自来水流下冷却 3min。溶液因生成 3-氨基-5-硝基水杨酸而呈橙黄色，最后用蒸馏水稀释至 50mL，并在分光光度计上于 508nm 处进行比色。

为了消除土壤中原有的蔗糖、葡萄糖而引起的误差，每一土样需做无基质对照，整个试验需做无土壤对照；如果样品吸光值超过标曲的最大值，则应该增加分取倍数或减少培养的土样。

（3）结果计算：蔗糖酶活性以 24h、1g 干土生成葡萄糖毫克数表示。

$$蔗糖酶活性 = (a_{样品} - a_{无土} - a_{无基质}) \times n/m$$

式中，$a_{样品}$、$a_{无土}$、$a_{无基质}$ 分别为其由标准曲线求的葡萄糖毫克数，mg；n 为分取倍数；m 为烘干土重，g。

3.3.4.2 试剂配置

试剂配置如下：

（1）酶促反应试剂：基质 8%蔗糖，pH = 5.5 磷酸缓冲液。1/15 mol/L 磷酸氢二钠（11.876g $Na_2HPO_4 \cdot 2H_2O$ 溶于 1L 蒸馏水中）0.5mL 加 1/15 mol/L 磷酸二氢钾（9.078g KH_2PO_4 溶于 1L 蒸馏水中）9.5mL 制成。

（2）葡萄糖标准液（1mg/mL）：预先将分析纯葡萄糖置 80℃烘箱内约 12h。准确称取 50mg 葡萄糖于烧杯中，用蒸馏水溶解后，移至 50mL 容量瓶中，定容，摇匀（冰箱中 4℃保存期约一星期）。若该溶液发生混浊和出现絮状物现象，则应弃之，重新配制。

（3）3,5-二硝基水杨酸试剂（DNS 试剂）：称 0.5g 二硝基水杨酸，溶于 20mL、2mol/L NaOH 和 50mL 水中，再加 30g 酒石酸钾钠，用水稀释定容至 100mL（保存期不过 7 天）。

3.3.5 过氧化氢酶活性测定

过氧化氢广泛存在于生物体和土壤中，是由生物呼吸过程和有机物的生物化学氧化反应的结果产生的，这些过氧化氢对生物和土壤具有毒害作用。与此同时，在生物体和土壤中存有过氧化氢酶，能促进过氧化氢分解为水和氧的反应（$H_2O_2 \rightarrow H_2O + O_2$），从而降低了过氧化氢的毒害作用。

3.3.5.1 原理与步骤

土壤中过氧化氢酶的测定便是根据土壤（含有过氧化氢酶）和过氧化氢作用析出的氧气体积或过氧化氢的消耗量，测定过氧化氢的分解速度，以此代表过氧化氢酶的活性。测定过氧化氢酶的具体方法比较多，如气量法：根据析出的氧气体积来计算过氧化氢酶的活性；比色法：根据过氧化氢与硫酸铜产生黄色或橙黄色配合物的量来表征过氧化氢酶的活性；滴定法：用高锰酸钾溶液滴定过氧化氢分解反应剩余过氧化氢的量，表示出过氧化氢酶的活性。本书重点采用高锰酸钾滴定法。

（1）过氧化氢酶测定。分别取 5g 土壤样品于具塞三角瓶中（用不加土样的作空白对照），加入 0.5mL 甲苯，摇匀，于 4℃ 电冰箱中放置 30min。取出，立刻加入 25mL 电冰箱贮存的 3% H_2O_2 水溶液，充分混匀后，再置于电冰箱中放置 1h。取出，迅速加入电冰箱贮存的 2mol/L H_2SO_4 溶液 25mL，摇匀，过滤。

取 1mL 滤液于三角瓶，加入 5mL 蒸馏水和 5mL、2mol/L H_2SO_4 溶液，用 0.02mol/L 高锰酸钾溶液滴定。根据对照和样品的滴定差，求出相当于分解 H_2O_2 的量所消耗的 $KMnO_4$。

过氧化氢酶活性以每克干土 1h 内消耗的 0.1mol/L $KMnO_4$ 体积数表示（以 mL 计）。

（2）结果计算。$KMnO_4$ 标定：10mL、0.1mol/L $H_2C_2O_4$ 用 $KMnO_4$ 滴定，所消耗 $KMnO_4$ 体积数为 19.49mL，由此计算出 $KMnO_4$ 标准溶液浓度为 0.0205mol/L。

H_2O_2 标定：1mL、3% H_2O_2 用 $KMnO_4$ 滴定，所消耗 $KMnO_4$ 体积数为 16.51mL，由此计算出 H_2O_2 浓度为 0.8461mol/L。

$$酶活性 = (空白样剩余过氧化氢滴定体积 - 土样剩余过氧化氢滴定体积) \times T / 土样质量$$

式中，酶活性单位为 mL(0.1mol/L KMnO$_4$)/(h·g)；T 为高锰酸钾滴定度的矫正值，$T = 0.0205/0.02 = 1.026$。

3.3.5.2 试剂配置

试剂配置如下：

（1）2mol/L H$_2$SO$_4$ 溶液：量取 5.43mL 的浓硫酸稀释至 500mL，置于电冰箱贮存。

（2）0.02mol/L 高锰酸钾溶液：称取 1.7g 高锰酸钾，加入 400mL 水中，缓缓煮沸 15min，冷却后定容至 500mL，避光保存，用时用 0.1mol/L 草酸溶液标定。

（3）0.1mol/L 草酸溶液：称取优级纯 H$_2$C$_2$O$_4$·2H$_2$O 3.334g，用蒸馏水溶解后，定容至 250mL。

（4）3% 的 H$_2$O$_2$ 水溶液：取 30% H$_2$O$_2$ 溶液 25mL，定容至 250mL，置于电冰箱贮存，用时用 0.1mol/L KMnO$_4$ 溶液标定。

3.3.5.3 注意事项

注意事项如下：

（1）用 0.1mol/L 草酸溶液标定高锰酸钾溶液时，要先取一定量的草酸溶液加入一定量硫酸中并于 70℃ 水浴加热，开始滴定时快滴，快到终点时再进行水浴加热，后慢滴，待溶液呈微红色且半分钟内不褪色即为终点。

（2）高锰酸钾滴定过程对酸性环境的要求很严格。经探究后发现直接取 1mL 滤液滴定不仅液体量太少，终点不好把握，硫酸的量也不足，因此对实验方法进行了改进，即取 1mL 滤液于三角瓶，加入 5mL 蒸馏水和 5mL、2mol/L H$_2$SO$_4$ 溶液，再用高锰酸钾溶液滴定，这样滴定过程极为方便。

3.4 微生物宏基因组 DNA 提取方法

3.4.1 DNA 提取与分析方法

三种湿地植物根圈样品（根系、根际沉积物）和无植被区沉积物样品基因组 DNA 抽提采用试剂盒 Fast DNA SPIN Kit for Soil（土壤 DNA 快速提取试剂盒），具体步骤按照试剂盒说明书进行，稍有改动，见表 3-4。

表3-4 宏基因组 DNA 提取步骤

序号	步　骤
1	称取 0.5~0.8g 样品加入 Lysing Matrix E Tube 中（裂解基质 E 管）
2	使用移液枪在 Lysing Matrix E Tube 中加入 978μL SPB 和 122μL MT buffer
3	确保 Lysing Matrix E Tube 的盖子旋紧，将其放置于涡旋混合仪上，对管内物质进行震荡破碎均匀化，时间设定为 40~50s
4	8000r/min，离心 15min（去除体积较大或具有复杂细胞壁结构的样品）
5	用大口枪头将上清液转入灭菌的 1.5mL 微离心管中，加入 250μL PPS，手持离心晃动缓慢地晃动 10 次混匀
6	8000r/min，离心 15min，用大口枪头将上清液转入灭菌的 5mL 离心管中
7	吸取摇匀后的 Binding Matrix（结合基质）1.0mL 到上一步的 5mL 离心管中
8	上下颠倒离心管 2min，静置 5min，使 DNA 附着于 Binding Matrix 上，并等待 SiO_2 充分沉淀
9	小心移除 600μL 上清液（注意：避免吸出沉淀物）
10	吸取 600μL 混匀后的上清液与沉淀物的混合物转入 SPIN Filter（加滤膜的收集管）中，8000r/min，离心 1min
11	倒掉收集管中的液体，重复上一步操作直至 5mL 离心管中液体全部转移到收集管中
12	加入 500μL 制备好的 SEWS-M 溶液，用小枪头小心混匀其与收集管中滤膜上的白色固体，8000r/min，离心 1min，将收集管中的液体弃去
13	重复上一步操作，更好地去除杂离子
14	8000r/min，离心 2min
15	将 SPIN Filter 中带滤膜的管拿出，超净台风干 5min
16	将带滤膜的管放入灭菌的 1.5mL 微离心管中，加入试剂盒自带的 DES 溶液 80μL，用小枪头将其与 Binding Matrix 混匀，65℃ 水浴 15min，8000r/min，离心 2min
17	将离心管中所得的 DNA 溶液反吸到滤膜上，重复 16 步，弃去 SPIN Filter 滤膜，将提取的 DNA 存于 -20℃ 电冰箱中

　　其中，根际沉积物与无植被区沉积物样品直接提取，称取 0.5~0.7g；植物根系样品先用液氮进行充分研磨破碎后采用试剂盒进行提取，称取 0.8g（由于含水量较大，经过多次尝试，称取样品多一些提取效果更好）。基因组

DNA 提取效果用 0.8% 的琼脂糖凝胶电泳（100V，45min）检测，凝胶成像仪（GBOX/HR-E-M）扫描拍照，浓度用 NanoPhotometerP-Class P330C 超微量紫外分光光度计（IMPLEN）测定。将提取好的 DNA 溶液保存于 −20℃ 电冰箱用于后续分子实验分析，如图 3-4 所示。

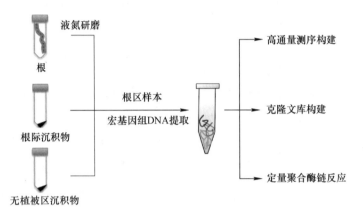

图 3-4 本书中宏基因组 DNA 的用途

3.4.2 DNA 提取结果分析

三种湿地植物根圈和沉积物样品各选取 3 个平行样品进行 DNA 提取，电泳检测和浓度测定，详见图 3-5 和表 3-5。可见，DNA 提取效果良好，可用于后续的实验。

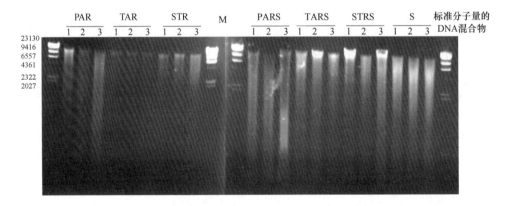

图 3-5 乌梁素海植物根圈和沉积物样品宏基因组 DNA 的琼脂糖凝胶电泳图
（PAR：芦苇根；TAR：香蒲根；STR：蔍草根；PARS：芦苇根际沉积物；
TARS：香蒲根际沉积物；STRS：蔍草根际沉积物；S：沉积物）

表 3-5 乌梁素海植物根圈和沉积物样品宏基因组 DNA 的产量和纯度

样品	数量	DNA 产量/ng·μL^{-1}	A260/280	A260/230
PAR	1	106.0	1.78	0.25
	2	102.0	1.81	0.17
	3	146.0	1.80	0.34
TAR	1	47.5	1.83	0.07
	2	48.5	1.80	0.09
	3	40.5	1.85	0.08
STR	1	58.0	1.90	0.06
	2	58.5	1.77	0.14
	3	70.0	1.77	0.12
PARS	1	209.0	1.78	0.26
	2	101.4	1.66	0.34
	3	237.2	1.77	0.33
TARS	1	148.0	1.68	0.21
	2	131.5	1.67	0.23
	3	88.7	1.58	0.11
STRS	1	100.6	1.62	0.20
	2	100.8	1.68	0.24
	3	131.3	1.68	0.21
S	1	140.0	1.82	0.18
	2	144.0	1.82	0.15
	3	142.0	1.80	0.25

注：PAR 为芦苇根；TAR 为香蒲根；STR 为藨草根；PARS 为芦苇根际沉积物；TARS 为香蒲根际沉积物；STRS 为藨草根际沉积物；S 为沉积物。

4　根圈和沉积物中的细菌群落

微生物作为全球各种元素的生物地球化学循环的驱动者，在维持湿地生态系统的健康和功能方面至关重要。在湿地生态系统中，对水体和沉积物中微生物群落结构、多样性等的研究较多。湿地植物，尤其是大型挺水植物对湿地水质净化方面起着非常重要的作用；而且由于湿地植物通气组织的发达，湿地环境容易形成了好氧、微氧及厌氧微生境，这使得各种微生物能共同生存并发展。但是，关于湿地植物根圈微生物群落结构的了解相对较少。克隆文库构建、微生物纯培养结合分子生物学技术等应用于不同环境中微生物的研究。特别是 2005 年以来，第二代测序技术的快速发展，其通量大，在揭示大量微生物基因信息方面具有比纯培养法、克隆文库和 PCR-DGGE 等一代测序具有前所未有的优势。高通量测序包括 Roche 公司的 454、Illumina 公司的 Solexa（Hi-Seq 和 Mi-Seq 测序仪）和 ABI 公司的 SOLiD 等平台。2014 年以前，由于 454 焦磷酸测序读取片段较长（400~500bp）等优点应用相对广泛。但是近几年，Illumina Hi-Seq 和 Mi-Seq 高通量测序系统分别达到了 250×2bp 和 300×2bp，且读长超过 400bp 时，准确率可高达 99%，所以这两种测序系统得到全面的使用。然而，基于高通量测序技术，全面了解湿地植物根关联的微生物研究较少。

鉴于此，本章主要利用高通量测序的方法对乌梁素海湿地植物根圈（以无植被区沉积物为对照）细菌 16S rRNA 基因进行研究，分析植物根圈及沉积物中细菌群落结构多样性，尤其是与碳、氮循环相关的微生物，为后续进一步开展湿地植物根关联的碳氮循环相关功能菌群奠定基础。

4.1　细菌群落多样性分析

4.1.1　高通量测序技术

Illumina 平台测序实验流程，如图 4-1 所示。

图 4-1 Illumina 平台测序实验流程

本实验室提取植物根圈和沉积物样品的宏基因组 DNA，共 21 个样品，详见第 2 章，干冰寄送诺禾致源测序公司（北京）。公司重新检测 DNA 质量后进行后续实验。全部样本按照正式实验条件进行，每个样本 3 个重复。

测序数据分析如图 4-2 所示。

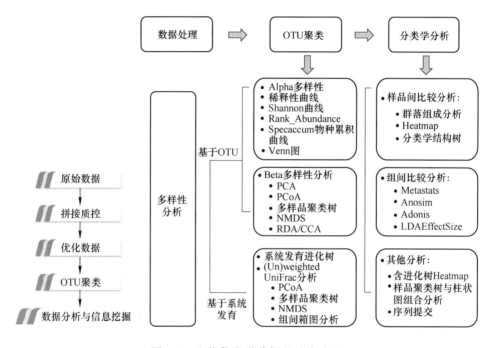

图 4-2 生物信息学分析的基本流程

（1）原始数据处理。原始测序序列使用 FLASH 软件进行拼接，Qiime 软件质控：

下机数据中拆分测序数据→截去 Barcode 和引物序列→Reads 进行拼接（FLASH 软件）→Raw Tags→过滤处理→去除嵌合体序列（UCHIME Algorithm）→得到有效序列（Effective tags）。

（2）OTU 聚类和物种注释。根据 97% 的相似度利用 UPARSE 软件，对有效序列进行可操作分类单元（Operational taxonomic units，OTU）聚类；用

Mothur 软件与 SILVA 中的 SSU rRNA 数据库进行物种信息注释（比对阈值为80%）。基于 MUSCLE 软件中多序列比对，分析每个 OTU 代表序列的系统发育信息。

（3）α 多样性和 β 多样性分析。通过每个样品的多样性分析（α 多样性）可以反映细菌群落的丰度和多样性。基于 Qiime 软件计算 Chao1、ACE 等丰富度指数，Shannon、Simpson 等多样性指数，Coverage 等测序深度指数和 PD_whole_tree 系统发育多样性指数。

利用 R 绘制稀释曲线，Venn 图。

β 多样性分析反映不同样本间群落组成与相似性和差异性。主要包含 Unifrac 距离、UPGMA 层级聚类树、Heatmap、PCA、PCoA 和 NMDS 图及 Anosim 等检验。

16S rRNA 基因的 V4-V5 区 PCR 扩增及产物纯化与高通量测序及数据分析等信息详见表 4-1。

表 4-1　16S rRNA 基因的 V4-V5 区高通量测序信息汇总

项　　目	16S rRNA 基因的 V4-V5 区
引物	515F（5'-GTGCCAGCMGCCGCGG-3'） 907R（5'-CCGTCAATTCMTTTRAGTTT-3'）
公司	诺禾致源（Novogene）
平台	Illumina HiSeq2500 PE250
纯化	AxyPrepDNA Gel Extraction kit（Axygen biosciences，CA，USA）
原始数据质控	Qiime，FLASH
OTU 聚类	UPARSE（version 7.1 http：//drive5.com/uparse/）
OTU 划分阈值	0.97
多序列快速比对	MUSCLE（Version 3.8.31 http：//www.drive5.com/muscle/）
数据库比对	Silva（SSU rRNA）
多样性指数计算、Unifrac 距离、UPGMA 层级聚类树	Qiime 软件（Version 1.7.0）
稀疏曲线绘制、Venn 分析、Heatmap、PCoA 分析、Anosim 分析	R 软件（Version 2.15.3）的 WGCNA，stats，ggplot2，Vegan 软件包及 Anosim 函数

采用 Excel 2010 软件进行累积柱状图等基本图形绘制和基础数据处理。

4.1.2 高通量测序原始数据提交数据库

NCBI（National center for biotechnology information）成立于 1988 年 11 月 4 日，旗下囊括众多数据库，包括专门用于存储高通量测序原始数据的 SRA（Sequence read archive）数据库以及存储 DNA 数据的 GenBank 和 EST 数据库等。利用高通量测序技术研究微生态，在文章发表过程中，为便于进行学术监督与交流，许多期刊要求提供原始序列登录号（Accession number）。

4.1.3 16S rRNA V4-V5 区 PCR 扩增

为了获得根圈和沉积物样品中细菌的 16S rRNA V4-V5 基因片段，采用表 4-1 中的引物 515F/907R 进行 PCR 扩增，扩增条带与 maker 对比，条带大小为 390bp 左右，正确是特异性扩增，可进行后续实验，样品清单和扩增结果详见表 4-2 和图 4-3。纯化产物后上机测序。

表 4-2　高通量测序样品清单

植物种类	胶上样品编号	样品名称	样品来源
芦苇（PA）	1	PAR1	芦苇根系
	2	PAR2	芦苇根系
	3	PAR3	芦苇根系
	10	PARS1	芦苇根际沉积物
	11	PARS2	芦苇根际沉积物
	12	PARS3	芦苇根际沉积物
香蒲（TA）	4	TAR1	香蒲根系
	5	TAR2	香蒲根系
	6	TAR3	香蒲根系
	13	TARS1	香蒲根际沉积物
	14	TARS2	香蒲根际沉积物
	15	TARS3	香蒲根际沉积物

植物种类	胶上样品编号	样品名称	样品来源
蘸草（ST）	7	STR1	蘸草根系
	8	STR2	蘸草根系
	9	STR3	蘸草根系
	16	STRS1	蘸草根际沉积物
	17	STRS2	蘸草根际沉积物
	18	STRS3	蘸草根际沉积物
无植被区	19	S1	无植被区沉积物
	20	S2	无植被区沉积物
	21	S3	无植被区沉积物

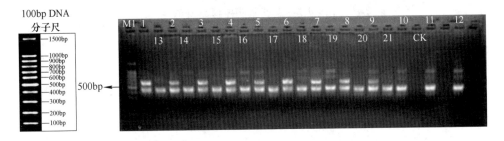

图 4-3　16S rRNA 基因的 V4-V5 区 PCR 扩增结果（未纯化）

（图中 M1 为 100bp 分子尺，bp 表示碱基数目；上样量为 2μL；

白色数字为样品编号，上样量为 3μL）

4.1.4　植物根圈和沉积物细菌群落 α 多样性

各类多样性指数 Shannon、Chao1、ACE 和 PD_whole_tree（见表 4-3）在三种湿地植物根际沉积物与无植被区沉积物中均高于所有根系样品；稀疏曲线（见图 4-4（a））显示：随着测序序列的增加，OTU 数目同样在三种湿地植物根际沉积物与无植被区沉积物中均高于所有根系样品；Vene 图（见图 4-4（b））显示：除了共有 OTU 外，在所有沉积物中独有 OTU 数量范围为 219~494，明显多于所有根系样品（范围为 110~167）。可见，三种湿地植物根际沉积物与无植被区沉积物中细菌的多样性均高于根系样品，即沉积物中细菌多样性高于植物根系中细菌多样性。

表 4-3 不同植物根圈样品和沉积物中细菌群落的丰富度和多样性指数

参　数	根			根际沉积物			无植被区沉积物
	PAR	TAR	STR	PARS	TARS	STRS	S
观察物种	2131±148	2166±175	2027±72	2544±203	2636±286	2708±329	2814±477
距离	0.03	0.03	0.03	0.03	0.03	0.03	0.03
Shannon	8.47±0.47	8.82±0.71	8.13±0.33	9.00±0.45	8.86±0.37	9.21±0.39	9.11±0.57
Simpson	0.987±0.007	0.988±0.011	0.982±0.005	0.985±0.009	0.982±0.008	0.991±0.004	0.986±0.007
Chao1	2970±580	2783±384	2902±342	3922±398	3891±728	4026±550	4541±752
ACE	3147±607	2882±372	3073±383	4142±478	4180±827	4259±545	4693±814
Goods_coverage	0.957±0.011	0.963±0.007	0.957±0.007	0.942±0.007	0.941±0.013	0.939±0.008	0.932±0.012
PD_whole_tree	191±10	193±8	181±5	226±19	238±22	243±29	251±45

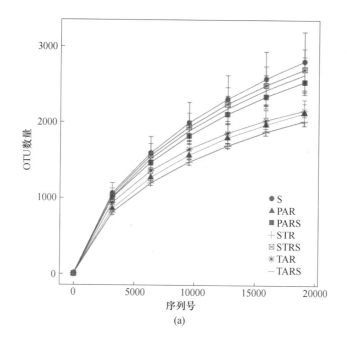

(a)

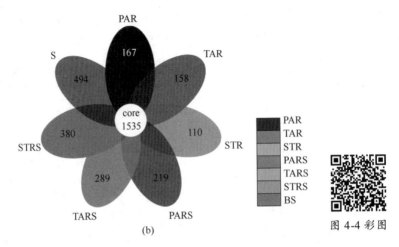

(b)

图 4-4 基于 OTU 数量的各样品的稀疏曲线(a)和 Vene 图分析(b)

4.1.5 植物根圈和沉积物细菌群落间相似性和差异性（β 多样性）

由层级聚类树（见图 4-5（a））和主坐标分析（PCoA）（见图 4-5（b））可见，三类样本，聚为两大簇。其中三种植物根际沉积物和对照沉积物聚为一簇，三种植物根系单独为一簇，说明根际沉积物与无植被区沉积物细菌群落结构更相似，与植物根系细菌群落结构差异明显（$R=0.701$，$P=0.001<0.05$）。

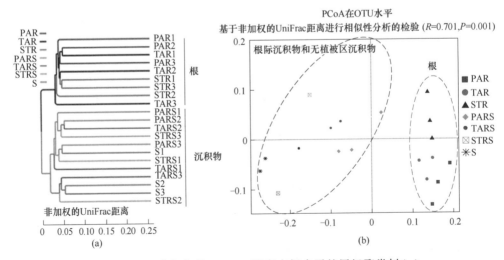

图 4-5 基于非加权的 UniFrac 距离在门水平的层级聚类树(a)

和 OTU 水平的主坐标分析排序图(b)

4.2 细菌群落结构与系统发育

4.2.1 门水平上细菌群落组成

高通量测序 21 个样本，共获得 1341215 条有效序列，有效序列平均长度约为 372bp。在门水平上，各样共获得已经明确分类的细菌门数目为：根系样品 53~55 个；根际沉积物样品 58~60 个；无植被区沉积物 61 个（数据未列出）。其中相对丰度位于前 10 的细菌门包括：Proteobacteria、Bacteroidetes、Chloroflexi、Planctomycetes、Acidobacteria、Chlorobi、Firmicutes、Aminicenantes、Woesearchaeota_. DHVEG-6.、Spirochaetes，根系样品中累计相对丰度为 93.4%~94.2%，根际沉积物中为 86.4%~89.1%，无植被区沉积物中为 85.3%；相对丰度小于 1% 的细菌门合并为 others（5.8%~14.7%）（见图4-6）。各样本以 Proteobacteria（PAR，65.5%；TAR，61.0%；STR，67.7%；PARS，37.5%；TARS，50.2%；STRS，40.2%；S，44.1%），Bacteriodetes（PAR，12.6%；TAR，14.5%；STR，10.8%；PARS，17.3%；TARS，13.4%；STRS，19.4%；S，15.0%）和 Chloroflexi（PAR，5.1%；TAR，7.0%；STR，5.7%；PARS，8.6%；TARS，

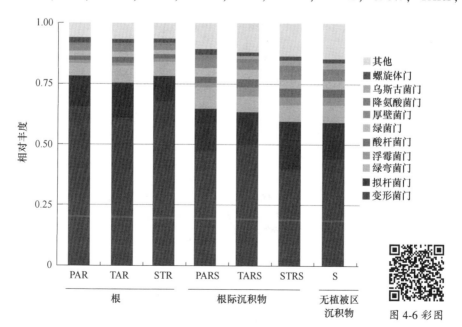

图 4-6 在门水平不同植物根圈主要细菌群落组成和相对丰度

6.6%；STRS，7.2%；S，7.4%）为优势菌门（见图4-6）。尤其是 Proteobacteria 在植物根系中相对丰度非常高，远高于根际沉积物和无植被区沉积物中，此结果暗示植物根系对 Proteobacteria 具有筛选作用。

4.2.2 属水平上细菌群落组成

在属水平上，相对丰度在前100的细菌属进行系统发育分析，如图4-7所示。整体上在所有的细菌属中，隶属于 Proteobacteria（变形菌门）的菌属最多（见图4-7彩图中系统发育树的粉色区域）。对属水平的组成作进一步分析，发现所有样本中累积相对最高的为 Thiobacillus（硫杆菌属）占47.1%，第二为 Hydrogenophaga 占20.7%，第三为 Sideroxydans 占14.1%。但是根样本中相对丰度最高的为 Hydrogenophaga，占2.8%~7.1%，第二为 Thiobacillus，占2.4%~3.9%；而根际沉积物与无植被区沉积物中 Thiobacillus 相对丰度最高，占6.2%~11.7%，第二为 Hydrogenophaga，占0.7%~1.6%。此外，单一的硫酸盐还原菌群（sulfate-reducing bacteria，SRB）在每个样本中

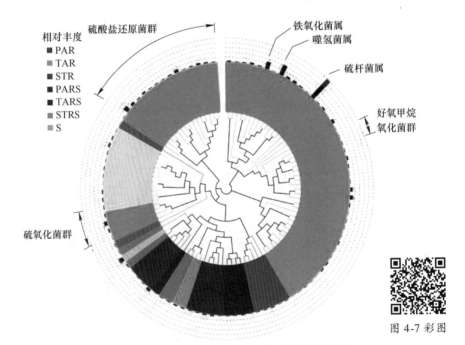

图 4-7 彩图

图4-7 属水平不同植物根圈细菌系统发育分析
（PAR：芦苇根；TAR：香蒲根；STR：藨草根；PARS：芦苇根际沉积物；
TARS：香蒲根际沉积物；STRS：藨草根际沉积物；S：沉积物）

占比都较少，相对丰度范围为 0.04%～2.44%，但是整体上 17 个硫酸盐还原菌属：MSBL7、Desulfobulbus（脱硫叶菌属）、Desulfocapsa、Desulfopila、Desulfatiglans、Geothermobacter、Desulfuromonas（脱硫单胞菌属）、Desulfuromusa、Desulfobacula、Sva0081_sediment_group、Desulfatitalea、Desulfosarcina（脱硫叠球菌属）、Desulfatirhabdium、Desulfonatronobacter、unidentified_Desulfobacteraceae（脱硫杆菌科）、Desulfovibrio（脱硫弧菌属）、Desulfomicrobium（脱硫微菌），在所有样本中累积相对丰度高达 5.5%～7.6%；4 个硫氧化菌群（sulfur-oxidizing bacteria，SOB）：Sulfurospirillum（硫磺单胞菌属）、Sulfurimonas、Sulfuricurvum、Sulfurovum，在所有样本中的累积相对丰度范围为 0.7%～4.1%。此外，有少量好氧甲烷氧化菌存在。

4.2.3　基于 16S rRNA 基因的好氧甲烷氧化菌群落组成

通过三种植物根圈细菌 16S rRNA 基因高通量测序，通过筛选好氧甲烷氧化菌的 16S rRNA 序列，并在科和属的水平计算不同甲烷氧化菌的相对丰度，比较了不同植物根圈微生境及无植被区沉积物中甲烷氧化菌的组成变化规律。植物根圈和沉积物中所有检测到的好氧甲烷氧化菌可分为 Type Ⅰ（隶属于 Methylococcaceae（甲基球菌科））和 Type Ⅱ（隶属于 Methylocystaceae（甲基孢囊菌科））两类（见图 4-8（a））。其中 Type Ⅰ 甲烷氧化菌为优势，占总细菌数量的比例为 0.22%～0.68%，Type Ⅱ 甲烷氧化菌占总细菌数量的比例为 0.02%～0.17%。此外，两类甲烷氧化菌在根系中的相对丰度都要高于根际沉积物和无植被区沉积物（见图 4-8（a））。

进一步在属水平上分析好氧甲烷氧化菌的组成（见图 4-8（b））。检测到的 Type Ⅰ 甲烷氧化菌由 Methylobacter（甲基杆菌属）、Methylomonas（甲基单胞菌属）、Methylomicrobium（甲基微菌属）、Methylocaldum（甲基暖菌属）、Methylovulum（甲基卵菌属）和 Methyloglobulus（甲基球状菌属）组成，其中以 Methylomonas 最为优势，占总细菌数量的比例为 0.06%～0.16%；其次为 Methylobacter，占比为 0.04%～0.16%；而 Type Ⅱ 甲烷氧化菌以 Methylosinus（甲基弯曲菌属）为主，占比为 0.004%～0.09%。上述优势的三个属，在植物根系中的相对丰度均高于根际沉积物与无植被区沉积物。相反地，Methylocaldum 在根际沉积物和无植被区沉积物中相对丰度高于植物根系；而 Methylovulum 仅在香蒲根系中检测到。

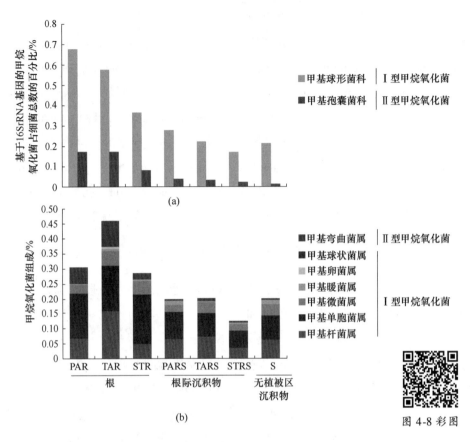

图 4-8   不同植物根圈和沉积物中甲烷氧化菌在总细菌中的含量及群落组成变化

（a）科水平；（b）属水平

综上所述，植物根圈存在好氧甲烷氧化菌，虽然两类好氧甲烷氧化菌占总细菌数量不超过 1%，但是对于湿地系统中甲烷的循环具有重要意义。

4.2.4   基于 16S rRNA 基因的反硝化菌群落组成

通过 2016 年、2017 年及以前文献中登录号从 NCBI 中下载反硝化菌属和相应的 16S rRNA 基因的 DNA 序列，构建反硝化菌属 16S rDNA 序列参比数据库。基于此数据库，共得到 78 个反硝化细菌属，隶属于 Proteobacteria（变形菌门）、Bacteroidetes（拟杆菌门）、Firmicutes（厚壁菌门）和 Actinobacteria（放线菌门），还有 2 个属隶属于古细菌（见图 4-9）。

进一步以数据库中 78 个反硝化菌属作为参照（见图 4-9），基于 16S rRNA 高通量测序结果，三种植物根圈和沉积物共筛选出 35 个反硝化菌属。

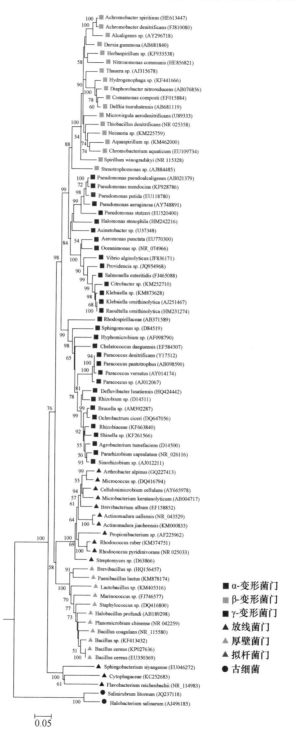

图 4-9 彩图

图 4-9 文献报道的反硝化菌属 16S rRNA 基因系统发育树

如图 4-10 所示，所有样本中，Thiobacillus（硫杆菌属）和 Hydrogenophaga（噬氢菌属）占优势，是主要的反硝化菌。但是根系样本中相对丰度最高的为 Hydrogenophaga，其次为 Thiobacillus；根际沉积物与无植被区沉积物中结果相反，Thiobacillus 最多，其次为 Hydrogenophaga。

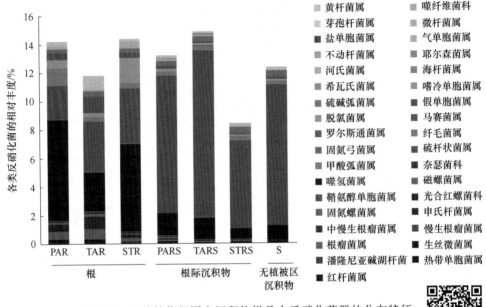

图 4-10　三种植物根圈和沉积物样品中反硝化菌群的分布特征

图 4-10 彩图

4.3　细菌群落微生境分布

湿地生态系统中孕育着庞大且多样的微生物资源，这些微生物参与生物地球化学循环，降解各种有机污染物，在维持生态系统结构、功能、服务上发挥着重要的作用，尤其是"植物-微生物""沉积物-微生物"的联合对生物地球化学物质循环起着至关重要的作用。而且微生物作为最敏感评价环境栖息地质量的指标之一，其多样性、群落结构、空间异质性及功能变化可以早期预警生态环境的变化。一直以来湿地微生物的研究主要集中在群落组成、结构、多样性、功能菌群、丰度和活性及微生物生态功能等方面。随着近年来现代分子生物学技术的快速发展，尤其高通量技术的广泛应用，各种湿地环境中微生物多样性的研究不断获得新的突破。Liu 等对钱塘江淡水流域中细菌多样性的研究中发现 Proteobacteria 最为优势；Hollister 等对美国得克萨斯州南部 La Sal del Rey 超盐湖沉积物中微生物多样性研究发现：细菌明显多于古菌，且 Proteobacteria、Bacteroidetes 和 Firmicutes 为优势菌门，其中厚壁菌门数量明显多于淡水系统中，这与 Borruso 等在内蒙古乌梁素海高盐池塘中发现的结果一致，且发现了很多嗜盐耐盐菌和参与硫循环的功能微生物。有研究报道自然湿地沉积物中检测到亚硝酸盐依赖的厌氧甲烷氧化菌群，且表现出了甲烷氧化和脱氮的活性，但是本书植物根圈和沉积物环境中没有检测到该类群，这也暗示了植物存在有利于好氧菌群的繁殖。

面对湿地严重的水体富营养化问题，对其水体、沉积物环境中全细菌、氨氧化微生物、其他氮循环相关微生物、硫酸盐还原菌群等功能菌群多样性、植物群落结构演替、植物修复工程等方面研究较多。然而对湿地植物关联的微生物少有研究。Li 等对人工湿地芦苇和香蒲根关联的微生物进行研究，发现在富营养化水体中两种植物有不同的修复潜力，芦苇根关联的微生物以参与氮循环为主，而香蒲根关联的微生物以代谢磷为主；Yun 等对松嫩平原芦苇湿地不同植物生长的沉积物中甲烷氧化菌的多样性和丰度进行了研究，发现 Type I 甲烷氧化菌占主导，低温有利于 Type I 甲烷氧化菌的发展，但各深度波动较大，随着深度的增加丰度减少，在 25~30cm 处以 Type II 甲烷氧化菌的数量更多了；在芦苇和香蒲主导的湿地中以 Methylobacter 和 Methylococcus 为优势，苔草为优势的湿地中独特的检测到了 Mehylomicrobium 这类嗜碱的甲烷氧化菌。综上可见，植物种类对微生物群落组成、丰度及功能执行具有重要的影响。这也与本书结果一致：即整体细菌群落结构表现出根系与沉积物（根际沉积物与无植被区沉积物）之间的差异（见图 4-5），但是参与碳氮循环的功能菌群表现出了植物种类之间的差异（见图 4-8 和图 4-10）。这些研究为这类富营养化湿地生态系统恢复与管理提供理论基础，也为湿地植物去除氮素提供一个明确的"植物-微生物"关联的证据。

基于 16S rRNA 基因的高通量测序，对富营养化湿地中三种挺水植物的根圈和无植被区对照沉积物中的细菌群落结构进行了分析，进一步剖析好氧甲烷氧化菌和反硝化菌群的组成，得出以下结果：

（1）细菌群落结构根系与沉积物（根际沉积物和无植被区沉积物）之间有差异；沉积物的多样性高于根系；群落组成各样本以 Proteobacteria（变形菌门）、Bacteriodetes（拟杆菌门）和 Chloroflexi（绿弯菌门）为优势菌门，植物根系对 Proteobacteria 具有筛选或者富集作用。

（2）在属水平上，所有样本中累积相对丰度最高的为 Thiobacillus（硫杆菌属），第二为 Hydrogenophaga（噬氢菌属），第三为 Sideroxydans（铁氧化菌属）。根系中相对丰度最高的为 Hydrogenophaga，其次为 Thiobacillus；相反根际沉积物与无植被区沉积物中 Thiobacillus 相对丰度最高，其次为 Hydrogenophaga。此外，单一的硫酸盐还原菌属的相对丰度都较低，其中最高的是 Desulfobulbus（脱硫叶菌属）达 2.44%，但是 17 个硫酸盐还原菌属的累积相对丰度在各样本中高达 5.5% ~ 7.6%。大量硫酸盐还原菌的存在一定程度上代表了乌梁素海湿地厌氧环境的发生和盐碱化等现状。

（3）在细菌群落结构中，Type Ⅰ 甲烷氧化菌的相对丰度（0.22% ~ 0.68%）高于 Type Ⅱ 甲烷氧化菌（0.02% ~ 0.17%），而且两者在根系中的相对丰度均高于沉积物中。这些结果证实了植物根圈中存在好氧甲烷氧化菌。

（4）以 78 个反硝化菌属作为参照，三种植物根圈和沉积物共有 35 个反硝化菌属。以 Thiobacillus（硫杆菌属）和 Hydrogenophaga（噬氢菌属）为优势，但是根系中相对丰度最高的为 Hydrogenophaga，其次为 Thiobacillus；沉积物中的结果与之相反。

5 根圈和沉积物中的甲烷氧化功能菌群

5.1 好氧甲烷氧化功能菌群分布

16S rRNA 基因高通量测序结果发现好氧甲烷氧化菌在植物根圈和沉积物中占总细菌数量小于 1%，且表现出一定的植物种类和微生境差异，为进一步研究提供了初步证据，证实了湿地植物根圈和沉积物中均有好氧甲烷氧化菌的分布。尽管基于 16S rRNA 基因高通量测序为了解环境微生物群落多样性提供了海量的信息，但是很多序列不能与先前的 16S rRNA 匹配，对于功能菌群的解读，信息有局限，利用功能基因进行功能菌群的研究更为有效。所以，本章利用甲烷氧化菌的功能基因 *pmoA* 进行好氧甲烷氧化菌的多样性、分布和相关功能的研究。

基于功能基因的克隆文库技术，测序片段长，准确性高，应用较为广泛，但是通量有限，反应功能菌多样性方面可能有一定的局限性；基于功能基因的高通量测序技术通量大，多样性信息较全面，但测序片段短，准确度有所降低，且其可靠性还受到数据分析等因素影响。所以，本章基于功能基因 *pmoA* 构建克隆文库和高通量测序技术，二者相互补充印证，对三种湿地植物根圈和沉积物中好氧甲烷氧化菌的多样性进行分析，旨在探讨好氧甲烷氧化菌的生态分布特征及对植物种类、微生境、环境基质条件的响应机制。

5.1.1 研究方法

5.1.1.1 野外样品采集

乌梁素海湖滨湿地芦苇、香蒲、蔗草三种湿地植物根圈和沉积物样品，详见第 3 章。

5.1.1.2 DNA 的抽提

详见第 3 章。

5.1.1.3　目的基因扩增

对三种植物根圈和沉积物样品的甲烷氧化菌群的功能基因 *pmoA* 片段进行 PCR 扩增，引物分别为 A189F/mb661R，由上海生工（Sangon）合成。引物信息、常规 PCR 扩增条件具体见表 5-1。PCR 反应体系见表 5-2，PCR 反应同时做阴性对照，用灭菌的超纯水作为 DNA 模板。为便于后续足够量的 PCR 产物用于纯化，每个样品同时扩增 3 个 PCR，保证 PCR 产物在 $100\mu L$ 左右。吸取 $4\mu L$ PCR 扩增产物用 1.0% 的琼脂糖凝胶电泳验证（100V，15min），凝胶成像仪（GBOX/HR-E-M）扫描拍照。用核酸燃料（Gelstain transgen）染色，制胶时加入，实验室常用琼脂糖凝胶配制方法见表 5-3。如果电泳结果目的条带特异，后续 PCR 产物直接纯化；如果电泳结果有杂带，后续采用胶回收纯化。

表 5-1　*pmoA* 基因 PCR 扩增引物及反应条件

引物名称	引物序列 (5'-3')	扩增子长度 (bp)	常规 PCR 反应条件	定量 PCR 反应条件
A189F	GGN GAC TGG GAC TTC TGG	508	95℃，3min；35×(95℃，1min；55℃，1min；72℃，40s)；最后在 72°C 延长 10min	95℃，30s；35 ×（95℃，30s；53℃，45s；72℃，45s 读板）；熔解曲线 65.0～95.0℃，增量 0.5℃，每隔 5s 读板 1 次
mb661R	CCG GMG CAA CGT CYT TAC C			

表 5-2　常用的 PCR 反应体系

体系组分（初始浓度）	体积 $1/\mu L$	体积 $2/\mu L$
10×Ex Taq Buffer（20mmol/L Mg^{2+} plus）	5.0	2.5
dNTP Mixture（各 2.5mmol/L）	4.0	2
上游引物（10μmol/L）	1.0	0.5～0.8
下游引物（10μmol/L）	1.0	0.5～0.8
BSA（20mg/mL）（减少腐殖酸的抑制）	1.0	0.5
TaKaRa Ex Taq（5U/μL）	0.4	0.2

体系组分（初始浓度）	体积 1/μL	体积 2/μL
模板 DNA（10~20ng/μL）	1.0	1.0
dd H₂O 补充至总体积	50.0	25.0

表 5-3　常用琼脂糖凝胶配制方法

琼脂糖凝胶组分	0.8%胶	1.0%胶
琼脂糖（Biowest，Chai Wan，HK）	0.8g	1.0g
5×TBE	10mL	10mL
纯水	90mL	90mL

将上述三者加入三角瓶，在微波炉中加热溶解后，温度降至 50℃左右加入 10μL 的核酸染料（Gelstain）轻轻摇匀，避免气泡产生，倒胶

5.1.1.4　PCR 产物切胶回收

用 Wizard SV Gel and PCR Clean-Up System（Promega）系统进行割胶回收。详细步骤如下：

（1）胶块的溶解。将每一个样品的所有 PCR 产物充分混匀后，全部吸取到大孔的 1.0%琼脂糖凝胶中电泳。电泳结束后，在紫外切胶仪中用无菌刀片迅速切下含有目的片段的胶块（注意胶块不能超过 300mg），放入 1.5mL 的无菌离心管中；每 10mg 胶加入 10μL 的膜结合液。震荡混匀，在 65℃水浴 10min，可以适当延长时间，直至胶完全溶解。

（2）结合 DNA。收集管中插入微量纯化柱；将上述溶解混合液吸入微量纯化柱内，室温孵育 1min 后 14000r/min（16000 离心力）离心 1min，倒掉滤液。

（3）洗涤。吸取 700μL 加入 95%乙醇的膜清洗液第 1 次清洗，14000r/min（16000 离心力）离心 1min，倒掉滤液；再吸取 500μL 膜清洗液第 2 次清洗，同上离心 5min，倒掉滤液，再次离心 1min 去除乙醇。

（4）洗脱。将微量纯化柱小心转移到无菌 1.5mL 离心管中（可以将微量纯化柱在室温放置 5~10min，以更好地去除乙醇），加入 50μL RNA-free water，室温放置 1min 后 14000r/min 离心 1min（可以将洗脱液再次吸到微量纯化柱中，洗脱 2 次），得到 PCR 胶回收产物。

（5）电泳验证和回收浓度测定。回收的 PCR 产物吸取 4μL 用 1% 的琼脂糖凝胶电泳检测，并用 NanoPhotometerP-Class P330C 超微量紫外分光光度计（IMPLEN）测定浓度，保存于−20℃。

5.1.1.5 克隆文库构建

将纯化好的 pmoA-PCR 产物三个平行之间等摩尔混合为一个混合 PCR 产物，进行克隆文库构建，主要包括 PCR 产物克隆-转化-筛选-鉴定。克隆用的载体为 pGEM-T easy vector（Promega，Madison，USA），感受态细胞为 Trans1-T1 Phage Resistant Chemically Competent Cell（Transgen），具体步骤如下：

（1）在提前制备好的固体 LB 培养皿（加氨苄青霉素）上，加 8μL、500mmol/L IPTG 和 40μL、20mg/mL X-gal（Transgen），均匀的涂开，恒温培养箱 37℃放置 30min。

（2）克隆的连接反应液总量为 10μL，详见表 5-4，轻轻混匀，在室温 20℃（也可放在冰上）放置 1h。

表 5-4 克隆连接反应体系

体系组分	样品 1/μL	样品 2/μL	阴性对照/μL
2×Rapid ligation Buffer 快速连接缓冲液（用前充分混匀）	5	5	5
pGEM-T 载体（50ng/μL）	1	1	1
DNA（PCR 产物）	1（约 50ng/μL）	2（约 25ng/μL）	—
Control insert DNA	—	—	2
T4 DNA ligase（3Weiss unit/μL）	1	1	1
dd H$_2$O	2	1	1

（3）超低温冰箱−80℃中取出感受态细胞，立即置于冰上融化。

（4）吸取 50μL 刚刚解冻感受态细胞，加入连接反应液中，小心轻柔混匀，冰上放置 20min。42℃水浴中热激 30s 后快速置于冰上 2min。在超净台内向反应液中加入 250μL 不含 Amp 的 LB 液体培养基，混匀，37℃、200r/min 振荡培养 1h，使细胞复苏，达到正常生长状态。

（5）取100μL转化菌液涂布于准备好的筛选平皿上，待菌液完全被培养基吸收后，37℃恒温培养箱中倒置培养12~14h。

（6）将上述长好菌落的平皿放入4℃冰箱1~2h，使蓝斑充分显现。

（7）观察平皿上的克隆子，在装有10~15μL灭菌水的PCR管中用灭菌牙签挑取白色克隆子。

（8）菌落PCR鉴定阳性克隆子：反应体系、反应条件、引物见表5-1和表5-2，模板采用阳性克隆菌落水溶液代替。初步鉴定为阳性克隆子的剩余菌落水溶液接种于新鲜的LB（含Amp）液体培养基中37℃、200r/min过夜培养，以达到对数生长期。

（9）上述得到的菌液送上海美吉生物进行Sanger法测序。

5.1.1.6　测序数据分析与序列提交

测序获得各基因的序列通过CLC Sequence Viewer 6去除载体，将目的序列保存为＊.fasta文件。用Cluster X或者Mega 5软件对齐序列，删除低质量的目的基因序列，获得有效序列。通过Sequenin软件整理有效序列，并提交至NCBI数据库，获得基因登录号。

然后采用Mothur和DNAdist软件对有效序列进行OTU的划分，计算香农威纳指数（Shannon）、辛普森指数（Simpson）、Chao1、覆盖度（Coverage）等多样性指数以及稀疏曲线的绘制等。使用Mothur软件操作指令具体如下：

（1）用reverse指令将反向互补。mothur>reverse. seqs(fasta = ＊. fasta)。

（2）phy文件制作。Clustal W>meg. fasta格式转换输出后，再读meg文件输出phy格式，去除第二行的空格后保存（.txt），格式名修改成.phy后拷贝到DNAdist软件里；用DNAdist计算距离矩阵：outfile的格式名改成.dist。

（3）groups文件制作。mothur>list. seqs(fasta = X. fasta)，生成.accnos文件，在Excel中打开，加groups后保存为.txt文件后，改成.groups文件。

（4）OTU分型。mothur>cluster(phylip = X. dist，method =)。这里有三种方法：an(average)、fn(furthest)、nn(nearest)。如果不设置，默认为an。生成X. an. list文件。

mothur>make. shared(list = X. an. list，group = X. groups)，生成X. an. shared文件。

（5）OTU分型结果的输出。

1）多样性指数的计算。mother>summary. single（shared = X. an. shared，calc =

sobs-chao-shannon-simpson-coverage，groupmode = t，label = cutoff 值）。基于 *pmoA* 基因的序列 cutoff 值为 0.09。

2）选出每个 OTU 代表序列。mothur > get. oturep（phylip = X. dist，fasta = X. fasta，list = X. an. list，label = cutoff 值）。

3）稀疏曲线输出。mothur>rarefaction. single(freq = 1)。

（6）克隆子有效序列提交。通过 Sequenin 软件整理有效序列，并提交至 NCBI 数据库，获得基因登录号。提交流程如下：NCBI→Nucleotidc→Submit to GenBank→Sign in to use Banklt→Submissions。这属于在线提交，需要提前准备好所需材料。

1）整理好自己所有需要提交的有效序列，以 . fasta 命名文件名。

格式例如：>Seq 1 [organism = Uncultured bacterium] Uncultured bacterium pmoA gene for particulate methane monooxygenase alpha subunit，partial cds，clone：PA-R1。

GGTGACTGGGACTTCTGGACCGACTGGAAAGATAGACGTCTGTGGGTAACCGTA
GCACCTATCGTTTCTATTACTTTCCCTGCGGCTGTTCAAGCTTGCTTGTGGTGGAGATA
CAAACTGCCAGTTGGCGCAACTCTGTCTGTAGTTGCTCTGATGATCGGTGAGTGGATC
AACCGTTATATGAACTTCTGGGGTTGGACTTACTTCCCAGTAAACATTTGCTTCCCATC
AAACTTGCTGCCAGGCGCTATCGTTCTGGACGTAATCCTGATGCTGGGCAACAGCATG
ACTCTGACTGCTGTTGTTGGTGGTTTGGCTTATGGCTTGCTGTTCTACCCAGGCAACTG
GCCAATCATTGCTCCTCTGCACGTTCCTGTTGAATACAACGGCATGATGATGACTCTG
GCTGACTTGCAAGGTTACCACTATGTTCGTACCGGTACACCTGAGTACATCCGTATGG
TAGAGAAAGGTACATTAAGAACTTTCGGTAAAGACGTTGCTCCGG。

>Seq 2 [organism = Uncultured bacterium] Uncultured bacterium pmoA gene for particulate methane monooxygenase alpha subunit，partial cds，clone：PA-R2。

GGTGACTGGGACTTCTGGTCAGACTGGAAAGACAGGCGTCTGTGGGTAACAGTA
CTGCCAATCATGGCTATTACTTTCCCTGCAGCAGTTCAAGCAAGCTTGTGGTGGCGTT
ATCGAATTGCGTTCGGTTCGACATTGTGTGTATTGGGTCTTTTATTTGGTGAGTGGGTC
AACAGATACTTCAACTTCTGGGGCTGGACATACTTCCCAATTAATTTCGTTTTCCCATC
ACAATTAATTCCAGGCGCTATCGTACTCGACGTTGTATTGTTAGTATCTAATAGTATG
CAGTTGACAGCAGTCGTTGGTGGTTTGGGCTTTGGGTTGTTGTTCTACCCAGGCAACT
GGCCAATGATGGCTCCTTTACATTTGCCTGTTGAATACAACGGTATGATGATGACCTT

GGCTGACTTGTCAGGTTACCATTACGTAAGAACCGGTATGCCTGAGTACATTCGTATG
GTTGAAAAAGGTACACTGAGAACTTTCGGTAAGGACGTTGCTCCGG。

2）整理所有序列的基本属性。先在 Excel 中整理好后，保存为 .txt 格式。
格式如下：

序列	收集人	收集日期	国家	菌株	菌株来源
Seq 1	J. M. Liu	14-Jul-15	中国	乌梁素海芦苇根	clonePA-R1
Seq 2	J. M. Liu	14-Jul-15	中国	乌梁素海芦苇根	clonePA-R2

3）将所有能够上传的 DNA 序列利用 Mega 5.0 转换为氨基酸序列。
以 .fasta 命名文件名。格式如下：

>Seq 1：

GDWDFWTDWKDRRLWVTVAPIVSITFPAAVQACLWWRYKLPVGATLSVVALMI
GEWINRYMNFWGWTYFPVNICFPSNLLPGAIVLDVILmLGNSMTLTAVVGGLAYGLLFY
PGNWPIIAPLHVPVEYNGMMMTLADLQGYHYVRTGTPEYIRMVEKGTLRTFGKDVAP

>Seq 2：

GDWDFWSDWKDRRLWVTVLPIMAITFPAAVQASLWWRYRIAFGSTLCVLGLLFG
EWVNRYFNFWGWTYFPINFVFPSQLIPGAIVLDVVLLVSNSMQLTAVVGGLGFGLLFYP
GNWPMMAPLHLPVEYNGMMMTLADLSGYHYVRTGMPEYIRMVEKGTLRTFGKDVAP

......

注意提交过程中，有一些序列可能存在终止密码子或者移码突变等原
因，没有办法提交，可以借助于 NCBI 中 ORFs 小程序来识别并矫正。最终，
获得克隆子序列的登录号（Accession number）。

5.1.1.7 系统发育树分析

将抽取的每个 OTU 代表序列在 NCBI 中进行 BLAST（用 blastx 数据库）
比对。将 OTU 代表序列转换为氨基酸序列（Mega 5.0）和下载的对应功能
基因的可参考的蛋白序列（Reference proteins，ref_seq protein）或最相似的不
可培养的蛋白序列（Non-redundant protein seqences，nr）导入 Mega 5.0 软件
中构建系统发育树。首先进行序列的多重对齐，选用 Neighbor-Joining 法，步
长分析 Bootstrap 值为 1000，选择 Kimura 2 参数模型，最后形成关于各功能
基因 OTUs 的系统发育进化树。

5.1.1.8　*pmoA* 基因高通量测序

整体上同第 2 章中 16S rRNA 基因的高通量测序方法，只是 *pmoA* 基因高通量测序委托上海美吉测序平台完成，其数据分析主要在专业的免费-在线云平台（www. i-sanger. com）完成，其他信息详见表 5-5。

表 5-5　*pmoA* 基因高通量测序信息汇总

项　　目	*pmoA* 基因
引物	A189F（5'-GGNGACTGG GACTTC TGG-3'） mb661R（5'-CCGGMGCAACGTCYTTAC C-3'）
公司	上海美吉（Majorbio）
平台	Illumina Miseq 2500 PE300 * 2
纯化	DNA 凝胶回收试剂盒（Axygen Biosciences, CA, USA）
原始数据质控	Trimmomatic，FLASH
OTU 聚类	UPARSE（version 7. 1 http：//drive5. com/uparse/）
OTU 划分阈值	0. 91
数据库比对	GenBank 的（Release7. 3 http：//fungene. cme. msu. edu/）的功能基因数据库
多样性指数计算、UniFrac 距离、UPGMA 样品聚类树	Qiime 软件（Version 1. 7. 0）
稀疏曲线绘制、Venn 分析、PCoA 分析、Anosim 分析	R 软件（Version 2. 15. 3）的 vegan 软件包

5.1.1.9　有效序列数量及登录号

基于 *pmoA* 基因获得有效序列共 351 条，登录号为：MG016967 ~ MG017151（根），MG017152 ~ MG017207（无植被区沉积物）和 MG017208 ~ MG017317（根际沉积物）。21 个样本的 *pmoA* 基因高通量测序原始序列提交 NCBI 中的 Sequence Read Archive（SRA），BioSample 的编号为 SAMN09810212 ~ SAMN09810232。

5.1.1.10 实时荧光定量 PCR

（1）含目的基因的重组质粒的制备。实时荧光定量 PCR 包括相对定量和绝对定量。一般环境样品的基因丰度测定，通常采用绝对定量。绝对定量是用已知高浓度的标准品，通常需要制备含有目的基因的重组质粒。目的基因的克隆转化及阳性克隆子的鉴定方法如前文所述。克隆用的载体为 pGEM-Teasy vector（Promega），长度为 3016bp。重组质粒用试剂盒 TIANprep Mini Plasmid Kit（Tiangen biotech）提取，并对产物进行电泳验证和浓度测定，存于−20℃备用。

（2）标准曲线构建。绝对定量 PCR 的标准曲线制作分别用对应功能基因克隆后的重组质粒 10 倍梯度稀释后作为模板进行实验。重组质粒梯度稀释用 EASY Dilution（Takara biotech）。

计算标准品目的基因初始拷贝数公式如下：

$$\text{copies}/\mu L = (6.02 \times 10^{23} \text{拷贝数}/\text{mol}) \times (\text{浓度 ng}/\mu L \times 10^{-9})/(\text{MW g/mol})$$

式中，平均分子量（MW g/mol）=（dsDNA length 碱基数）×（660 道尔顿/碱基）。注意 dsDNA length 指目的基因片段长度与载体长度之和。

1）反应条件的优化。本次研究采用 SYBR@ Green Ⅰ 检测法，以扩增效率 $E(0.8 \sim 1.2)$、$R^2(0.990 \sim 1.000)$ 和溶解曲线分析中不产生非特异性峰值（60℃处无峰值）为标准，在同一重组质粒 10 倍梯度稀释下作为模板，对退火温度在适当范围内进行优化，并确定反应程序，本书中定量 PCR 反应程序详见表 5-1。

2）标准曲线制作。选用目的基因拷贝数量级为 $10^3 \sim 10^8$ 的质粒作为模板制作标准曲线，并以 RNA-free H_2O 作为模板设置空白组。同一模板都设置 3 个技术重复。定量 PCR 所用仪器为 CFX Connect Optical Real-Time Detection System（Bio-Rad Laboratories）。反应体系为 20μL，包括 2×SYBR Premix Ex Taq（Takara biotech）10μL，上下游引物（10μmol/L）各 1μL，基因组 DNA 1μL(1 ~ 10ng/μL)，BSA(20mg/mL)0.2μL，其余的用 RNA-free H_2O 补足。

（3）不同植物根圈样品中各功能基因拷贝数。通过运行定量 PCR 程序 Bio-Rad CFX Manager 3.0 软件绘制标准曲线和溶解曲线。标准曲线以标准品（梯度稀释的重组质粒）的拷贝数的对数值为横坐标，以测得的荧光阈值 C_q 值为纵坐标。根据根圈样品的 C_q 值，即 Bio-Rad CFX Manager 3.0 软件可自动在标准曲线中计算得到根圈样品的拷贝数，并以 Excel 的格式将数据导出，单位为 copies/μL。需要进一步计算为 Copies/g · sample dry weight。

计算公式如下：

拷贝数 copies/(g · 样品干重) = (拷贝数 /μL) × 80μL/(样品重量 g) ×
(1 - 样品含水率)

式中，拷贝数 copies/μL 由 Bio-Rad CFX Manager 3.0 软件导出；80μL 用 Fast DNA SPIN Kit for Soil 提取宏基因组 DNA 的洗脱液 DES 的体积；样品重量为提取 DNA 时称取的样品的实际重量，一般在 0.5～0.8g。

此外，定量 PCR 实验操作时应注意以下几点：

1）将上述选取的制作标准曲线的梯度稀释的质粒和待测样品同一批配制定量 PCR 体系进行实验。

2）配制 PCR 大体系，快速分装，尽量避免 2×SYBR Premix Ex Taq 的反复冻融。

3）操作过程中将 8 连管放置在提前预冷的 96 孔的铅块中以保证低温；关灯，尽量避免强光照射以保证荧光的有效性。

4）每个模板对应的三个平行在同一个 8 连管内。

5.1.1.11　DGGE 技术

变性梯度凝胶电泳（Denaturing gradient gel electrophoresis，DGGE）技术相比较高通量测序技术，通量较低，相对丰度低于 1% 的微生物类群也检测不到，但是它与克隆文库技术类似，准确性要高一些。能够准确地鉴定在自然生境或人工生境中微生物种群，并进行复杂微生物群落结构演替规律，微生物种群动态、基因定位、表达调控的评价分析。尤其在从环境样品中分离微生物的过程，可以借助 DGGE 来解析分离体系中微生物种群的动态变化过程。

（1）DGGE 原理。变性梯度凝胶电泳技术是一种根据 DNA 片段的熔解性质而使之分离的凝胶系统。核酸的双螺旋结构在一定条件下可以解链，称之为变性。核酸 50% 发生变性时的温度称为熔解温度（T_m），T_m 值主要取决于 DNA 分子中 GC 含量的多少。DGGE 将凝胶设置在双重变性条件下：温度 50～60℃，变性剂 0～100%。当一双链 DNA 片段通过一变性剂浓度呈梯度增加的凝胶时，此片段迁移至某一点变性剂浓度恰好相当于此段 DNA 的

低熔点区的 T_m 值，此区便开始熔解，而高熔点区仍为双链。这种局部解链的 DNA 分子迁移率发生改变，达到分离的效果。T_m 的改变依赖于 DNA 序列，即使一个碱基的替代就可引起 T_m 值的升高和降低。因此，DGGE 可以检测 DNA 分子中的任何一种单碱基的替代、移码突变以及少于 10 个碱基的缺失突变。为了提高 DGGE 的突变检出率，可以人为地加入一个高熔点区——GC 夹。GC（GC clamp）就是在一侧引物的 5' 端加上一个 30~40bp 的 GC 结构，这样在 PCR 产物的一侧可产生一个高熔点区，使相应的感兴趣的序列处于低熔点区而便于分析。

通过各种染色的方法在凝胶成像系统中观察 DGGE 胶中 DNA 条带。最常用的染色方法有：溴化乙啶（EB）法、SBR Green Ⅰ法、SBR Gold 法和银染色法。其中，EB 法染色是灵敏度最低的，SBR Green Ⅰ法、SBR Gold 法相比 EB 法，能更好地消除染色背景，因此它们的检测灵敏度比 EB 法高很多。但是 EB 法和两种 SBR 法染色时，双链 DNA 能很好地显色，单链 DNA 基本上不能显色。银染色法的灵敏度最高，而且单、双链 DNA 都能染色，但是它的缺点是染色的胶不能用于随后的杂交分析。

（2）DGGE 技术在微生物生态学中的应用。

1）分析微生物群落结构，扩增功能基因来研究功能基因及功能菌群的多样性。

2）快速同时对比分析大量的样品中不同微生物群落之间的差异，同一微生物随时间或外部环境压力的变化过程。

（3）DGGE 技术操作步骤。

1）配制试剂：试剂配制情况见表 5-6~表 5-13。

表 5-6 40%丙烯酰胺/甲叉双丙烯酰胺（37.5∶1）

试　　剂	剂　　量
丙烯酰胺	38.93g
甲叉双丙烯酰胺	1.07g
补加超纯水至	100mL

注：4℃保存，≤1 个月；这两种试剂有神经毒性，粉末易飘散，注意不要吸入口鼻或沾染皮肤。

表 5-7　50×TAE buffer

试　　剂	剂　　量
Tris 碱	121g
冰醋酸	28.55mL
0.5mol/L EDTA pH=8.0	50mL
补加超纯水至	500mL

注：室温保存，6 个月。

表 5-8　0%变性剂的胶母液

试　　剂	胶浓度			
	6%	8%	10%	12%
40%丙烯酰胺/甲叉双丙烯酰胺	15mL	20mL	25mL	30mL
50×TAE buffer	2mL	2mL	2mL	2mL
超纯水	83mL	78mL	73mL	68mL
总体积至	100mL	100mL	100mL	100mL

注：4℃保存在棕色瓶内，≤1 个月。

表 5-9　100%变性剂的胶母液

试　　剂	胶浓度			
	6%	8%	10%	12%
40%丙烯酰胺/甲叉双丙烯酰胺	15mL	20mL	25mL	30mL
50×TAE buffer	2mL	2mL	2mL	2mL
甲酰胺（去离子）	40mL	40mL	40mL	40mL
尿素	42g	42g	42g	42g
补加超纯水至	100mL	100mL	100mL	100mL

注：4℃保存在棕色瓶内，≤1 个月；100%的变性剂胶母液在低温下容易结晶，用前可用水浴
　　加热溶解。

表 5-10 其他浓度的变性剂胶母液配方

试剂	变性剂浓度								
	10%	20%	30%	40%	50%	60%	70%	80%	90%
甲酰胺（去离子）	4mL	8mL	12mL	16mL	20mL	24mL	28mL	32mL	36mL
尿素	4.2g	8.4g	12.6g	16.8g	21g	25.2g	29.4g	33.6g	37.8g

注：TAE buffer（2mL）和超纯水加入至100mL，与100%的变性剂加入量一样。

表 5-11 10%过硫酸铵（APS）

试 剂	剂 量
过硫酸铵	0.1g
超纯水	1.0mL

注：−20℃保存一周，最好现配现用，促凝剂。

表 5-12 1×TAE 电泳缓冲液

试 剂	剂 量
50×TAE buffer	140mL
超纯水	6860mL
总体积至	7000mL

注：室温保存，6个月。

表 5-13 2×凝胶染料

试 剂	剂 量
2%溴酚蓝	0.25mL
2%二甲苯青	0.25mL
100%甘油	7.0mL
超纯水	2.5mL
总体积至	10.0mL

注：室温保存，6个月；2%二甲苯青：0.1g溶于水中，定容至5mL；2%溴酚蓝：0.1g，先溶
于75μL左右的无水乙醇，再溶于水定容至5mL。

2）带 GC 夹的 PCR。

为了 DGGE 技术的更好的分析，目的基因的大小不应超过 500bp。DGGE-PCR 与普通 PCR 反应体系和程序都一样。

除了所用引物，一般是上游引物的 5' 带有 30~50 个碱基的 GC 夹。例如：氨氧化功能基因 *amoA* 基因的引物。

上游引物：amoA-1F-GC

（GGG GTT TCT ACT GGT GGT-cgcccgccgcgccccgcgcccggcccgccgcccccgcccc）

下游引物：amoA-2R

（CCC CTC KGS AAA GCC TTC TTC）

3）电泳准备。

①先将两块 DGGE 原配玻璃板一大一小洗干净晾干，必要时以 95%乙醇擦洗玻璃板以彻底去除油脂。

②打开电泳仪控制装置，预热电泳缓冲液 58℃（注意：电泳液体积是 6.5L 的 1×TAE 缓冲液，建议两次电泳后更新缓冲液）。

③取出制胶架，放在比较平整的桌面，然后调节水平仪，让其水平。

④两片玻璃板，一大一小，垫上两片同样型号的 SPACER（垫片），然后在两边装上塑料玻璃板夹（注意：适当夹紧，注意松紧度很关键）。

⑤检查三明治结构，确定玻璃板底部 SPACER 能触到底，与玻璃板切面平齐，确定白色划片竖直，与夹子保持平行，最后双手同步旋紧旋钮（注意：必须平齐，否则会漏胶）。

⑥将海绵垫固定在制胶架上，把"三明治"垂直放在海绵上方，用两侧偏心旋钮固定好制胶架系统（注意：一定是短玻璃一面向着自己）。

4）灌胶。

①配制变性剂：用两个洗净的 50mL 离心管装各种比例混合的变性剂，每块胶总体积 25mL，高低浓度各一半。适当振荡混匀，加入 30μL APS（促凝剂），15μL TEMED（交联剂），混匀，等待凝固（注意：在冬天，APS 和 TEMED 体积翻倍，凝固时间 2.5h 以上）。

②检查半自动灌胶装置（注意：连通器必须关闭，才能倒入变性剂），将两管变性剂，各抽入到高低两个针筒中，按照位置放好两针筒，转动大板，灌胶的针头安夹在长玻璃板的上端中央位置，对准两块玻璃板的中央位置，胶就会自动渗入两块玻璃板之间，注意匀速。

③轻轻摇动胶板，小心保持液面平整，晾干使胶凝固。

④配置上层胶液共 5mL：3.9mL 去离子水，1mL、40% 丙烯酰胺，100μL TAE 缓冲液，40μL APS，8μL TEMED 混匀，用针管吸收转移至已凝固的胶板上，至与短玻璃板平齐，插入梳子。

⑤等待至上层胶凝固，小心拔出梳子，确保每个上样孔都是竖直平行的，如果有余胶或者上样孔扭曲，可用一次性针头矫正（注意：不正的上样孔会影响条带宽度和走向）。

5）胶板装配槽架。

①在灌胶之前开启 DGGE 仪，打开 power 与 heater，将电泳缓冲液预加热至 58℃。

②把制好的 DGGE 胶板（带夹子），推入电泳槽架中。保证短玻璃板与电泳夹子上的白色垫片压紧，以防电泳液从缝隙中漏出（注意：如果发现漏水，可以在缝隙涂上凡士林）。

③每次可同时跑两块胶，如果只有一块胶，另一块的中间不要垫SPACER，两块玻璃板直接合并后放入槽架，两块胶之间一定要形成回路。

④把电泳架放置入电泳槽中盖上电泳槽顶盖，开启加热器和水泵，保证电泳液被泵到长玻璃上端，没过电泳夹子上的电极丝（注意：也可以再放入电泳架时，接出一部分缓冲液，在放入电泳架后，直接加到长玻璃的上端）。

6）点样。

①事先检测 DNA 的浓度，确定上样的体积（注意：点样量保持一致，通常 DNA 总量为 200ng）。

②上样液一般为 10μL 总体积，上样 buffer：样品 DNA = 1：1；一般 DGGE 上样 buffer（2×loading dye）5μL，样品 DNA 不足的体积用 dd H_2O 补足。三者混匀后上样（注意：枪头伸入短玻璃处，慢慢松开枪柄，上样液缓缓流入对应的样孔内。一般一块胶两边的各两个孔不上样，可以上 DGGE 上样缓冲液。如果有 maker，中间的上样孔上 maker，这样 maker 较直，分离效果好，适用于对比样品条带，最外侧的泳道也可以为 maker，共 3 个 maker，利于胶数读取的准确性）。

7）电泳。

①插上电极，检查线路，打开电泳控制器。先把电压调到 200V，再调时间到 240min，打开开始按钮（电压和时间根据目的基因而具体调整，例如

16S rRNA 的 V3 区程序为 200V，60℃，4h；16S rRNA 的 V6 ~ V8 区程序为 50V，58℃，18h；反硝化基因 nosZ 程序为 100V，60℃，20h）。

②时间到后，先关闭电泳仪。然后关闭电泳槽顶盖的开关，过 15min 后再取出电泳夹子。防止电泳加热器干烧。

8）剥胶与染色、拍照。首先戴好手套，口罩。避免染色液直接接触。

①小心取下三明治玻璃板夹子，迅速把两块玻璃板放入，盛有 1×TAE buffer 的盒子（铁盘）中，短玻璃板朝上放置。在玻璃板温度降下来后，搬动 SPACER，把短玻璃板撬起来；小心晃动，使胶从长玻璃板上脱落下来（注意：小心处理，胶薄且易破）。

②用蓝色塑料薄板小心托起胶片。放入到 EB 染色盒中（避光），染色 15min。也可以用 SBR Gold 染色，操作如下：按 1∶10000 稀释 SBR Gold 3μL 到 30mL 1×TAE buffer 缓冲液（也可 25mL）中，混匀后用 1mL 的移液枪均匀喷洒胶的表面，确保所有表面都覆盖到。每次用量 10mL，间隔 15min，共三次。将染色液均匀喷洒在胶表面（注意：避光用，用纸遮盖一下盘子）。

③EB 染色完成后，再用蓝色塑料薄板小心托起胶片。放入 1×TAE buffer 中脱色 5min。如果用 SBR Gold 染色完成后，在染色盘中倒入清水，使胶再次悬浮起来。清洗完毕后，再次用蓝色塑料薄板小心托起胶片。放入/滑入照胶仪平台上，小心调整胶片的位置，使胶在平台图像摆正，拍照记录（注意：为了得到更好的照胶结果，可以事先把照胶平台用酒精清洗，再洒纯水，保持一定的湿度；图片保存为 tif 格式）。

9）优势条带切取。

①凝胶成像分析系统拍照后，在紫外灯照射下切取 DGGE 图谱的优势条带于 1.5mL 离心管中，加 30μL 的无菌去离子水，4℃浸泡过夜使胶中 DNA 溶解，之后取 1μL 溶解 DNA 作为模板进行一次无 GC 夹的 PCR 扩增（注意：引物为目的基因无 GC 夹的引物），反应体系和条件同带 GC 夹的 PCR。

②DGGE 再次检查回收条带的纯度和分离情况。

10）克隆测序。

①对 DGGE 胶片上切割的条带，采用胶回收 DNA，用 Wizard SV Gel 和 PCR Clean-Up System（Promega）割胶回收。

②回收条带的 DNA 样品进行克隆测序分析。克隆用的载体为 pGEM-T easy vector（Promega），感受态细胞为 Trans1-T1 Phage Resistant Chemically

Competent Cell（Transgen），详细步骤见 5.1.1.5 节。阳性克隆子的过夜菌液送上海美吉生物进行 Sanger 法测序。通过测序获得的 DGGE 条带所代表的基因序列，用 CLC Sequence Viewer 软件进行序列分析，去除载体序列，将所得正确长度的序列通过 Blast 工具与 NCBI 基因库中的序列进行比对，获取与优势条带亲缘关系最近的序列，然后构建系统发育树。

11）DGGE 图谱多样性和典型对应分析。

①DGGE 图谱采用 Quantity One 软件（Bio-Rad Laboratories）分析，根据条带的强度和位置，将不同泳道通过 UPGMA 算法进行聚类，计算各个样品的多样性指数，包括香农-威纳指数（Shannon-Wiener，H）、均匀度（Evenness，E）、丰富度（Richness，S）、Simpson 指数（DS），计算公式如下：

$$H = -\sum (P_i)(\log_2 P_i) = -\sum (N_i/N)\log_2(N_i/N)$$

$$E = H/H_{\max} \qquad H_{\max} = \log_2(S)$$

$$D_S = 1 - \sum P_i^2$$

式中，P_i 为样品中单一条带的强度在该样品所有条带总强度中所占的比率；N_i 为第 i 条带的峰面积；N 为所有峰的总面积；H 为 Shannon-Wiener 指数；S 为丰富度，即每一泳道的所有条带数目总和。

②将 Quantity One 软件导出的各个泳道的所有条带的数字化结果用 CANOCO for Windows 4.5 软件进行典型对应分析（Canonical correspondence analysis，CCA）或者功能冗余分析（Redundancy analysis，RDA）。

（4）DGGE 经验总结。

1）夹板：玻璃板干净，表面无水、无凝胶块。

2）漏胶现象：两块玻璃板夹不紧；玻璃板-夹条-玻璃板，低端不平整，即夹条靠上；玻璃板与夹子之间有空隙。

3）灌胶：梯度高低正确；注射器内无气泡，注射器夹在推进器之前将气泡弹出；推进器位置正确；灌胶连续，不要间断，速度适当勿太快太慢。

4）点样：上样总量一致；点样针抓住玻璃板注射器，以免针在点样孔中摆动搅乱点样液；点样针在点样孔底部，推进时样品是上涌而不是下落；点样时勿多，以免样品溢出造成交叉污染。

5）跑胶：架子放入，左黑右红原则；搅拌棒不要靠太近玻璃板；打开电源后，稍等一会，等仪器稳定后再操作；设定温度，heater、pump，等抽水一定时间后（液面接近黑色顶部）开电压，按 run；一定要等到 60℃ 再开始电泳。

6）浆胶：20~30min 即可，不可太短；事先将托盘洗净，以免挂胶，导致摇胶不匀，胶断裂。

7）切胶：利用画图工具，从上而下，依次切回；每切一条带，需酒精棉擦拭净切胶刀。

（5）仪器出现下列错误解决策略。

1）E1 对策：加减缓冲；保证接触良好（尤其是盖子）；确保架子上的液面盖过内槽。

2）E9 对策：电泳液混匀。

3）E10 对策：电压正确。

5.1.1.12 生物统计学分析

基础数据的统计用 Excel 2010；各样品中基因丰度的显著性差异分析用 SPSS 19.0 统计软件中的单因素方差分析（ANOVA）（$P<0.05$ 表示差异显著）；不同样品间的微生物群落组成的差异性用 CANOCO 4.5 软件中主成分分析（PCA）。

5.1.2 多样性分析

5.1.2.1 *pmoA* 基因片段 PCR 扩增及产物纯化结果

为了获得甲烷氧化菌 *pmoA* 基因片段，采用表 5-1 中 A189F/mb661R 引物进行 PCR 扩增，扩增条带与 maker 对比，条带大小为 508bp 左右，正确，是特异性扩增，可进行后续实验，如图 5-1 所示。

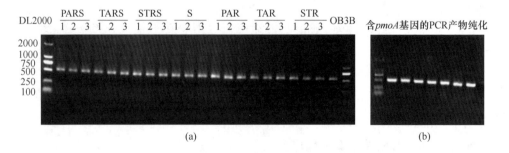

图 5-1 各样品中 *pmoA* 基因片段的 PCR 扩增结果(a)及胶回收产物(b)电泳图

5.1.2.2 好氧甲烷氧化菌群 α 多样性

基于 *pmoA* 基因构建克隆文库，乌梁素海湿地三种挺水植物根圈及沉积物 7 个样本随机挑取 500 个阳性克隆子进行测序，共获得 351 条有效序列，在 91% 的相似水平上划分为 39 个 OTUs（见表 5-14）。除了芦苇根际沉积物样本覆盖度（Coverage 为 72.4%）和测度深度（稀疏曲线不平缓）有点低，其他样本克隆文库的稀疏曲线平缓（见图 5-2（a））和覆盖度较高（见表 5-14 中 Coverage>80%），表明整体上克隆文库测序深度基本可以反映样品中好氧甲烷氧化菌群的多样性。Shannon 和 Simpson 指数分析表明：沉积物中好氧甲烷氧化菌多样性最高，而芦苇（PA）和香蒲（TA）根圈多样性明显高于蘑草（ST）。同一种植物根系与根际沉积物中甲烷氧化菌群多样性差异不明显（见表 5-14）。

表 5-14　三种植物根圈和沉积物 *pmoA* 基因克隆文库的多样性指数

来源	PAR	TAR	STR	PARS	TARS	STRS	S	Total
克隆子数量	80	80	80	50	50	80	80	500
有效的序列	63	55	67	29	30	51	56	351
距离	0.09							—
覆盖率/%	82.5	89.1	92.5	72.4	80	86.3	87.5	—
Sobs（OTU 数目）	16	14	11	11	12	9	15	88
Chao1	43.5	19	14.3	25	17	30	20.3	—
辛普森指数（Simpson）	0.25	0.24	0.44	0.20	0.10	0.65	0.13	—
香农-威纳指数（Shannon）	1.87	1.95	1.33	1.84	2.22	0.88	2.22	—

注：PAR：芦苇根；TAR：香蒲根；STR：蘑草根；PARS：芦苇根际沉积物；TARS：香蒲根际沉积物；STRS：蘑草根际沉积物；S：沉积物。

高通量测序结果显示，基于 Shannon 指数的稀疏曲线（见图 5-2（b））非常平缓，测序深度在 99.5%~99.7% 之间，满足测序要求。稀疏曲线的分布结合表 5-15 中 Shannon 指数分析，香蒲根中多样性最高，其他样本多样性中根际沉积物和沉积物明显高于根系样本（$P<0.05$）。然而克隆文库中根系与根际沉积物多样性之间没有表现出明显的区别。香蒲根圈多样性高于芦苇中（$P<0.05$），随着测序深度的增加，尤其是蘑草根圈（$P<0.05$）好氧甲烷氧化菌群检测到更多的信息。

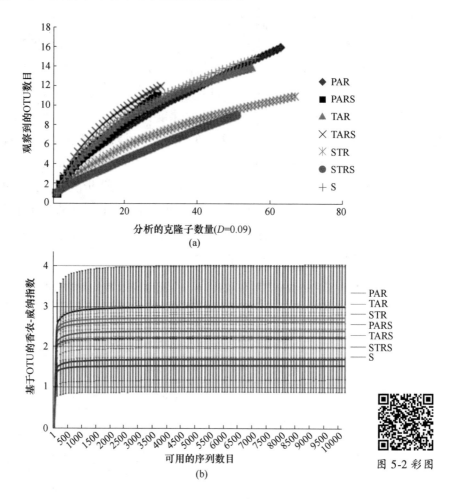

图 5-2 三种植物根圈和沉积物样品基于 *pmoA* 基因克隆文库(a)

和高通量测序(b)的稀疏性曲线

表 5-15 植物根圈和沉积物 *pmoA* 基因高通量测序的多样性指数

来源	PAR	TAR	STR	PARS	TARS	STRS	S
用于分析的序列数目	13521± 1067	13027± 1020	14103± 1632	14000± 3190	14022± 1736	15715± 2856	14326± 3152
距离	0.09						
覆盖率/%	0.996± 0.001	0.997± 0.001	0.997± 0.000	0.995± 0.000	0.995± 0.000	0.995± 0.001	0.995± 0.001

来源	PAR	TAR	STR	PARS	TARS	STRS	S
Chao1	142.31±49.02	191.80±185.08	169.22±43.73	197.13±15.66	201.78±39.83	275.33±109.84	213.96±108.67
可识别的 Sobs 数目	101±40	158±1	139±40	128±10	160±46	239±119	173±95
辛普森指数（Simpson）	0.43±0.30	0.14±0.03	0.44±0.15	0.21±0.01	0.15±0.01	0.18±0.21	0.22±0.12
香农-威纳指数（Shannon）	1.57±0.81d	2.75±0.18ab	1.73±0.63d	2.26±0.04c	2.66±0.20b	3.03±1.25a	2.43±0.80b
ACE	168.14±43.53	184.16±9.38	169.69±30.17	231.11±42.24	219.96±15.06	280.81±106.25	228.84±81.60

注：不同字母表示组间差异显著，$P<0.05$。

总之，联合克隆文库和高通量测序技术，乌梁素海不同植物根圈及无植被区（非根圈）沉积物好氧甲烷氧化菌群具有丰富的多样性，表现出根圈（植被区，vegetated）与非根圈（无植被区，unvegetated）、根系与根际沉积物之间的微生境异质性，以及不同植物种类之间的差异。

5.1.2.3 好氧甲烷氧化菌群 β 多样性

利用主成分（PCA）和主坐标（PCoA）分析植物根圈和沉积物中好氧甲烷氧化菌群落结构之间的差异性和相似性。

如图 5-3（a）所示，克隆文库数据显示：在 PC1 上聚为两大类，芦苇和香蒲根圈聚为一类，蔗草根圈单独为一类，且根据图中的灰色圈的大小，明显看出芦苇与香蒲根圈的多样性高于蔗草的；在 PC2 上聚为三类，三种植物的根与根际沉积物各自聚为一类。整体表现为：随着植物种类的不同，群落组成有较大的差异，而同一植物根系与根际沉积物之间差异不明显。

如图 5-3（b）所示，高通量测序数据显示：在 PC1 上聚为两大类，芦苇单独聚为一类，香蒲和蔗草根圈聚为一类；在 PC2 上聚为三类，三种植物的根与根际沉积物各自聚为一类。整体也表现为：随着植物种类的不同，群落组成有较大的差异，而同一植物的根系与根际沉积物之间差异不明显。

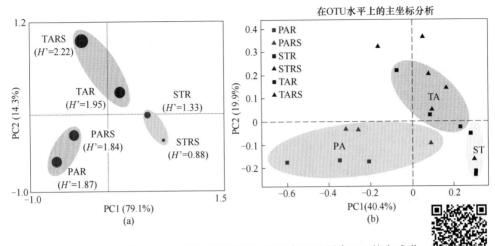

图 5-3 基于 *pmoA* 基因克隆文库(a)和高通量测序(b)的主成分
分析三种植物根系和根际沉积物中甲烷氧化菌的群落结构

图 5-3 彩图

（图(a)中灰色圆圈的大小表示香农-威纳指数的大小，并用 (*H*' =) 来表示）

5.1.3 群落组成及系统发育树

5.1.3.1 基于 *pmoA* 基因构建克隆文库分析好氧甲烷氧化菌群落组成

为了了解三种植物根圈和沉积物中好氧甲烷氧化菌的群落组成，首先基于 *pmoA* 基因构建了克隆文库。共获得了 351 条序列 (39 个 OTUs)，系统发育分析，大部分序列属于 Type Ⅰ 好氧甲烷氧化菌，相对丰度分别是 95.2%（334 条序列）；小部分序列属于 Type Ⅱ 好氧甲烷氧化菌，相对丰度为 4.8%（17 条序列）（见图 5-4）。Type Ⅰ 甲烷氧化菌包含了 7 个属：Methylomonas（甲基单胞菌属）、Methylobacter（甲基杆菌属）、Methylovulum（甲基卵菌属）、Methylomicrobium（甲基微菌属）、Methylosarcina（甲基八叠球菌属）、Methyloglobulus（甲基球状菌属）和 Methylococcus（甲基球菌属），如图 5-4 所示。

进一步在属水平上分析，相比较 Methylobacter （1.6% ~ 23.3%）和 Methylovulum （0 ~ 3.3%），Methylomonas 明显占优势，在所有样本中的相对丰度范围为 23.3% ~ 82.4%（见图 5-5 (a)）。Methylococcus 的相对丰度在三种植物根系中 （1.8% ~ 6.4%）小于所有沉积物中 （6.9% ~ 20.0%）（包括根际沉积物和无植被区沉积物）。值得注意的是，Methyloglobulus 在芦苇根圈（38.0% ~ 47.6%），相比香蒲 （10.9% ~ 13.3%）和藨草根圈 （0 ~ 1.5%）

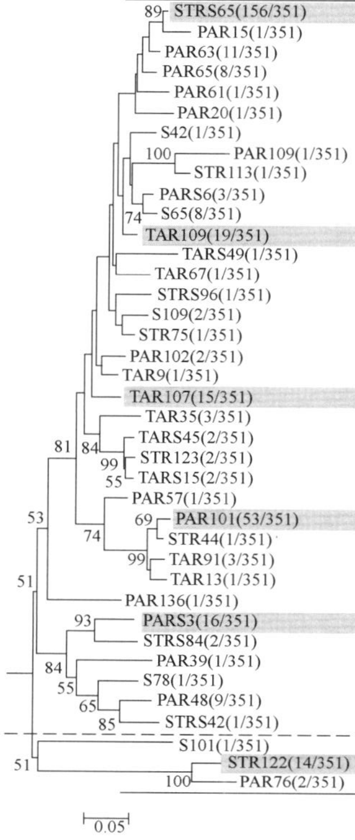

OTUs	根 PA	根 TA	根 ST	根际沉积物 PA	根际沉积物 TA	根际沉积物 ST	S	最相似的物种	登录号	相似度%
STRS65(156/351)	22.2	47.3	65.7	31.0	23.3	80.4	26.8	Methylomonas denitrificans FJG1	NZ CP014476/WP036280011	100
PAR15(1/351)	1.6							clone R1.PmoA-3(methane-consumingsludge)	BAG12172	95
PAR63(1/351)	3.2	9.1	1.5					Methylomonas lenta	WP066986567	98
PAR65(1/351)	7.9	1.8	1.5					Methylomonas methanica	WP013817026	97
PAR6(1/351)	1.6					3.5		clone oytpmoA01(freshwater iron-rich microbial mat)	BAM16096	96
PAR20(1/351)	1.6							Methylomonas sp.LW13	WP033159227	95
S42(1/351)							1.8	clone JH-TY11(paddy field soil)	ABW71867	96
PAR109(1/351)	1.6							clone L2.mb661 (littoral sediment)	ABC02762	92
STR113(1/351)			1.5					clone L2.mb661 (littoral sediment)	ABC02762	98
PAR56(1/351)				3.5				clone LR-1209 (littoral sediment of Lake Constance)	ADY75625	98
S65(8/351)		3.6	3.0	3.5	6.7		3.6	clone LS22 (lake sediments)	AHW45503	96
TAR109(19/351)	1.6	7.3	0.0	3.5	13.3	0.0	16.1	Methylobacter luteus	WP027159170	95
TAR549(1/351)		1.8		3.3				clone pmoA-112(rice rhizosphere soil)	AFB69763	93
TAR67(1/351)							1.8	Methylobacter tundripaludum	WP027148841	95
STRS96(1/351)						2.0		clone CH3 (lake sediments)	AHW45313	99
S109(2/351)			3.0				3.6	Methylobacter marinus A45	NZKB912877/WP020158144	98
STR75(1/351)						2.0		Methylovulum miyakonense	WP019865090	96
PAR102(2/351)	1.6					3.3		Methylovulum miyakonense	WP019865090	99
PAR9(1/351)		1.8						Methylovulum miyakonense	WP019865090	99
TAR107(15/351)	1.6	5.5	4.5	0.0	6.7	5.9	5.4	Methylomicrobium alcaliphilum	WP01147021	99
TAR35(3/351)		1.8		3.5			1.8	clone FL4pmo (rice field soil)	BAI22710	99
TARS45(2/351)				3.5	3.3			clone Der1 (landfill cover site)	ABU45518	100
STR123(2/351)			3.0			3.3		clone PP-11516 (profundal sediment of Lake Constance)	ADY75663	99
TARS15(2/351)				3.5	3.3			Methylosarcina fibrata	WP020564881	99
PAR57(1/351)	1.6							clone A09 37A (littoral wetland soil 0-2cm soil of a boreal lake)	GBI62671	92
PAR101(53/351)	44.4	5.5	0.0	34.5	13.3	0.0	14.3	Methyloglobulus morosus	WP023494957	96
STR44(1/351)			1.8					clone A09 37A (littoral wetland 0-2cm soil of a boreal lake)	GBI62671	99
TAR91(1/351)		3.6		3.5				clone G05 22A (littoral wetland 0-2cm soil of a boreal lake)	GBI62659	99
TAR13(1/351)		1.8						clone FL15pmo(rice field soil)	BAI22721	99
PAR136(1/351)	1.6							clone P6-10-17 (rice paddy soil)	AFP86125	99
PARS3(16/351)	0.0	0.0	0.0	6.9	16.7	2.0	14.3	Methylococcus capsulatus	WP010961050	95
STRS84(2/351)		1.8				2.0		clone A09 A10 (rice rhizosphere soil)	AGO14805	98
PAR39(1/351)	1.6							clone SKB4 (rice paddy soil)	ACI90417	92
S78(1/351)							1.5	clone Xh.pmoA_CA30 (Songnen plain wetland soil)	AFG24236	92
PAR48(9/351)	4.8		4.5		3.3	2.0	1.8	Methylococcus sp. (wetland soil)	AFG24236	100
STRS42(1/351)	1.6					2.0		clone XH19 (lake sediments)	AHW45682	97
S101(1/351)							1.8	clone JBG56 (non-oil field soil)	ALU85042	99
STR122(14/351)	0.0	7.3	11.9	0.0	3.3	0.0	1.8	Methylocystis parvus OBBP	AAA87219	96
PAR76(2/351)	1.6	1.5						Methylosinus sporium SK13	CAD30395	99

Type I

Type II

图 5-4　三种植物根圈和沉积物中 pmoA 基因的系统发育树（≥91%的氨基酸相似）

（数字表示每个 OTU 在每个文库中的相对丰度；BLAST 比对的结果作为代表序列或相似序列。括号中的数字表示每个 OTU 在所有样本中的序列数目。系统树采用邻接法，1000 次重复计算，速取 bootstrap 值≥50%的在系统树左边节点处显示。灰色阴影的表示根圈和沉积物样本中主要的 OTU）

具有更大的相对丰度（见图 5-5（c））。相反地，Methylocystis 作为主要的 Type Ⅱ 好氧甲烷氧化菌菌属在香蒲（3.3% ~ 7.9%）和蘸草根圈（0 ~ 11.9%）相比芦苇根圈（0）具有更大的相对丰度（见图 5-5（e））。

聚类发现，OTU STRS65 在蘸草根圈中，相比芦苇、香蒲根圈及沉积物中明显具有较大的相对丰度。相反地，OTU TAR109 只在蘸草根圈中没有检测到（见图 5-5（b））。而这两个 OTU 分别与 *Methylomonas denitrificans* FJG1（WP036280011）相似度为 100%，与 *Methylobacter luteus*（WP027159170）相似度为 95%（见图 5-4）。OTU TAR107 除了在芦苇根际沉积物中没有检测到，在其他样本中相对丰度范围为 1.6% ~ 6.7%。OTU PAR101 在芦苇根圈（34.5% ~ 44.4%）中的相对丰度高于香蒲和沉积物中（5.5% ~ 14.3%）。此外，OTU PARS3 相比较三种植物根系，在四种沉积物中具有更大的相对丰度（见图 5-5（d））。这三个 OTU 分别与 *Methylomicrobium alcaliphilum*

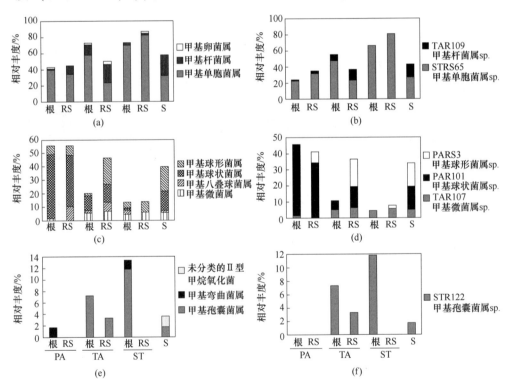

图 5-5 三种植物根圈和沉积物中基于 *pmoA* 克隆文库的好氧甲烷氧化菌群的组成

（a）（c）（e）在属水平的群落组成；（b）（d）（f）*pmoA* 基因克隆文库中

各 OTU 的相对丰度

（每个 OTU 的相对丰度对应于图 5-4 中的数据）

（WP01414702）相似度为99%，与 *Methyloglobulus morosus*（WP023494957）相似度为96%，与 *Methylococcus capsulatus*（WP010961050）相似度为95%（见图5-4）。而 OTU STR122 与 *Methylocystis parvus* OBBP（AAA87219）相似度为96%，主要在香蒲和藨草根圈中检测到小部分，芦苇根圈中没有检查到（见图5-4和图5-5（f））。

综上，TypeⅠ好氧甲烷氧化菌，尤其是 Methylomonas，在该富营养化湿地挺水植物的根圈和无植被区沉积物中占主导地位。

5.1.3.2 基于 *pmoA* 基因高通量测序分析好氧甲烷氧化菌群落组成

考虑到克隆文库序列信息的覆盖度有局限，本书中同时对 *pmoA* 基因进行了高通量测序，进而验证和补充克隆文库的结果。

在门（phylum）、纲（class）、目（order）、科（family）四个分类水平下，所有样品中好氧甲烷氧化菌的平均相对丰度如图5-6所示。门水平上，Proteobacteria（变形菌门）的占比最高，为80.1%；纲水平上，Gammaproteobacteria（γ-变形菌门）的占比最高，为77.5%；目水平上，Methylococcales（甲基球菌目）的占比最高，为72.3%；科水平上，Methylococcaceae（甲基球菌科）的占比最高，为72.3%，而 Methylocystaceae（甲基孢囊菌科）占比仅为2.5%，说明科水平上隶属于 Methylococcaceae（甲基球菌科）的 TypeⅠ甲烷氧化菌为优势类群，对于植物根圈和沉积物中的碳循环有重要作用。

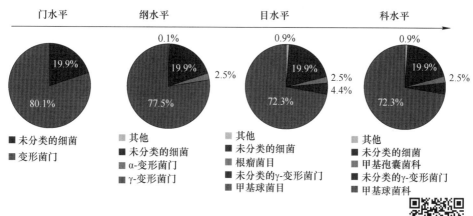

图 5-6　基于 *pmoA* 基因高通量测序四种分类
单元下好氧甲烷氧化菌的比例和分布

图 5-6 彩图

进一步在科水平以下，即 OTU 或者属水平上，以91%的相似度水平进行 OTU 划分，对优势的 TypeⅠ甲烷氧化菌的菌属组成进行分析，如图5-7（a）

热图所示，其中每一个 OTU 代表一种甲烷氧化菌菌属，它的相对丰度在样品中以不同的颜色区分。深绿色为 0，浅绿-白-浅粉为 1%~6%，红色>7%。

首先，对热图中相对丰度占比前十的 OTUs（好氧甲烷氧化菌群）在所有样品中平均相对丰度统计（见图 5-7（b）），发现相对丰度最高的是 *Methylomonas denitrificans* FJG1 和 *Methylomonas lenta*（甲基单胞菌属），包含了 OTU254，OTU126，OTU754，为 37.8%；第二是 *Methyloglobulus morosus*，指 OTU128，占 15.7%；第三是 *Methylomicrobium alcaliphilum*（甲基微球菌属），指 OTU290，占 7.4%；第四是 *Methylobacter luteus*（甲基杆菌属）和 *Methylococcus capsulatus*（甲基球菌属），分别指 OTU68 和 OTU169，占比分别为 4.0% 和 4.4%；*Methylocystis* sp. ATCC 49242 较少，占比为 1.9%；其余菌群相差不大，均为 1.5%~2.9%。以上结果表明，三种湿地植物根圈和沉积物整体上 Methylomonas 较为优势。

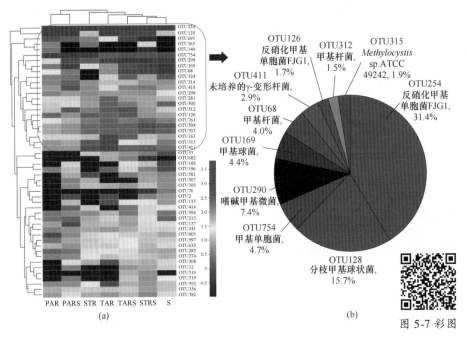

图 5-7　基于 *pmoA* 基因高通量测序 OTU 水平好氧甲烷
氧化菌的比例和分布

（a）前 50 OTUs 的热图；（b）前 10 OTUs 在所有样品中的平均相对含量

为了详细了解甲烷氧化菌在植物根圈和沉积物的微生境分布特征和相对丰度变化，对相对丰度占前 50 OTUs 进行系统发育树分析（每一条序列在

NCBI 中重新比对，去除低质量的序列，只有 23 个 OTUs 序列是正确的）和微生境分布特征分析，结果如图 5-8 所示。结果表明，与 *pmoA* 基因的克隆文库图 5-4 反应的结果基本一致。

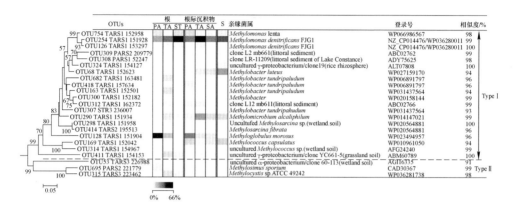

图 5-8　基于 *pmoA* 基因的高通量测序的好氧甲烷氧化菌根圈和沉积物微生境分布特征

（每个 OTU 在每个文库中的相对丰度以不同梯度颜色展示于热图中，白色(0)到黑色(66%)；

BLAST 比对的结果作为代表序列或相似序列；系统树采用邻接法，1000 次重复计算，

选取 bootstrap 值≥50% 的在系统树左边节点处显示）

5.1.4　*pmoA* 基因的定量 PCR

5.1.4.1　质粒制备

pmoA 基因实时荧光定量 PCR 所需的质粒提取结果如图 5-9 和表 5-16 所示，目的条带特异、清晰，质粒的浓度最高为 122ng/μL，其初始拷贝数为 $2.51×10^{10}$copies/μL，10 倍 7 个梯度稀释后进行标准曲线的绘制。

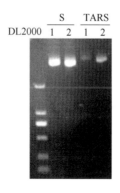

图 5-9　包含 *pmoA* 基因的质粒 DNA 提取效果电泳图

表 5-16 包含 pmoA 基因的质粒 DNA 产量、纯度及初始拷贝数

质粒名称	浓度/ng·μL⁻¹	A260/A280	A260/A230	初始拷贝数/copies·μL⁻¹
pmoA	122	1.88	1.40	$2.51×10^{10}$

标准曲线绘制：经过多次实验，本书中定量 pmoA-qPCR 扩增效率为 93.1%~97.0%；R^2 值的范围为 0.999~1.000（见图 5-10（a）），熔解曲线显示为单峰（见图 5-10（b））。

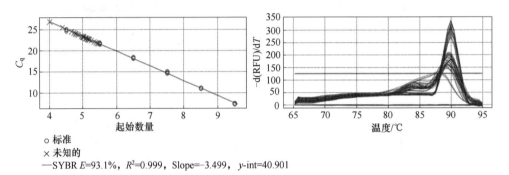

○ 标准
× 未知的
—SYBR E=93.1%, R^2=0.999, Slope=−3.499, *y*-int=40.901

图 5-10 *pmoA* 基因定量 PCR 标准曲线(a)和熔解峰图(b)

5.1.4.2 不同湿地植物根圈和沉积物样品 pmoA 基因的拷贝数

为了估算好氧甲烷氧化菌群的大小，本书利用定量 PCR 技术对不同湿地植物根圈和沉积物样品中 *pmoA* 基因的拷贝数做了检测，结果如图 5-11 所示。对于三种植物，根系 *pmoA* 基因的拷贝数显著高于根际沉积物中（$P<0.05$）；芦苇（PA）、香蒲（TA）、藨草（ST）根系中 *pmoA* 基因的拷贝数分别是无植被区沉积物中的 28.3 倍、2.5 倍和 12.0 倍。此外，芦苇（PA）和藨草（ST）根系中，*pmoA* 基因的拷贝数高于香蒲（TA）根系中。这些结果暗示三种湿地植物的根组织对好氧甲烷氧化菌有选择作用，结合群落组成的结果，尤其对 Type I 好氧甲烷氧化菌有选择或者富集作用，植物根系好像一个"泵"，从无植被区沉积物→根际沉积物→根系来抽取 Type I 好氧甲烷氧化菌；而且好氧甲烷氧化菌群大小在三种湿地植物之间有变化。

5.1.5 好氧甲烷氧化功能菌群分布

有研究显示，在不同基因型的水稻中 *pmoA* 基因的丰度差异较大，且

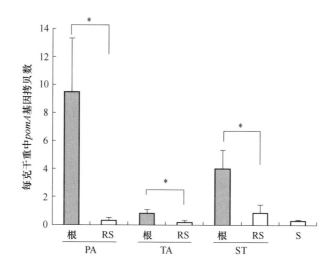

图 5-11 三种湿地植物根圈和沉积物样品中 *pmoA* 基因的拷贝数

（条形图表示平均值±标准误差（ *n* = 3 ）；*号表示同一种植物的根与根际沉积物差异显著

（*P<0.05，**P<0.01））

Type Ⅰ甲烷氧化菌在水稻根系中较丰富。此外，在水生植物的表面，Type Ⅰ
甲烷氧化菌丰度高于 Type Ⅱ甲烷氧化菌，这些都与本书研究结果一致（见图
5-11）。影响甲烷氧化菌群落结构的环境因素较多，例如：pH 值，氨氮、氧
气的浓度，Cu^{2+} 的浓度等。一些分子证据显示，Type Ⅰ甲烷氧化菌在碱性水
体或沉积物中占主导地位，这可能因为一些 Type Ⅰ甲烷氧化菌中菌属更喜欢
盐碱环境。氨氮浓度的增加与 Type Ⅰ甲烷氧化菌的丰度具有正相关，而在氮
限制的条件下 Type Ⅱ甲烷氧化菌占主导。本书的研究样地乌梁素海是一个富
营养化的碱性湿地，伴有较高的盐度，这也是本书中 Type Ⅰ甲烷氧化菌为主
导（见图 5-4～图 5-8）的一个原因。众所周知，铜的浓度及形态对好氧甲烷
氧化菌的生理、活动、环境分布起着关键作用，尤其是对甲烷单加氧酶
（sMMO 和 pMMO）的表达和活性进行调节。有证据表明，在全细胞（Whole-
cell）或/和无细胞的片段（Cell-free fractions）中，高浓度的铜可以抑制
sMMO 活性，但却促进了 pMMO 活性。在高 Cu 生物量比（>2.5mol/g 细
胞）中，pMMO 被合成，而在二者低比率下，sMMO 被合成。在 Cu^{2+} <
0.8μmol/L 的生长条件下，Type Ⅱ甲烷氧化菌的活性更好；当 Cu^{2+} 的浓度
达到了 $40×10^{-6}$，Type Ⅱ甲烷氧化菌的活性被抑制了，但 Type Ⅰ甲烷氧化
菌的活性被促进了，本书研究样地，Cu^{2+} 浓度较高，达 $33.9×10^{-6}$，这也

是 Type I 甲烷氧化菌占优势的另一个原因。高通量测序结果与克隆测序结果在优势类群上一致，这也加强了我们的结论：Type I 甲烷氧化菌在富营养化的湿地植物根圈和沉积物中为优势菌群。此外，与具有反硝化能力的甲烷氧化菌纯菌 *Methylomonas denitrificans* FJG1 的相似度高达 100%，所占比例（44.4%）也最大，所以进一步对甲烷氧化菌是否具有反硝化的基因潜力进行研究。

本书中芦苇（PA）和香蒲（TA）根圈甲烷氧化菌多样性高于薹草（ST）中；随着芦苇、香蒲、薹草植物种类的不同，好氧甲烷氧化菌的群落组成具有较大的差异，而同一植物的根与根际沉积物之间差异不明显（见图5-3）。由此可见湿地植物的不同，对于根圈微生物的 α 和 β 多样性都有影响；而 Prober 等指出，植物种类不同影响草地土壤中微生物的 β 多样性，而不是 α 多样性。湿地植物可能像陆生植物一样，种类不同具有不同的根系分泌物，由于根际效应，会形成特定的根面、根际微生物群落组成；此外，湿地植物普遍具有较发达的通气组织，植物不同，通气组织的发达程度不同，比如本书中三种湿地植物，芦苇和香蒲较薹草具有更发达的通气组织，这会使得不同植物具有不同的根系径向氧损失效率（Radial oxygen loss rates, ROL）和氧可用性，因而呼吸模式也不同，对环境的响应不同，这些都会影响根系微生物群落组成，尤其是在好氧条件下作用的好氧甲烷氧化菌。

这些结果暗示三种湿地植物的根系对好氧甲烷氧化菌有选择作用，尤其对 Type I 好氧甲烷氧化菌有选择或者富集作用，植物根系好像一个"泵"，从沉积物→根际沉积物→根系来抽取 Type I 好氧甲烷氧化菌；而且好氧甲烷氧化菌群大小在三种湿地植物之间有变化。

综上所述，得出以下结论：

（1）甲烷氧化菌群落结构的聚类分析结果显示，好氧甲烷氧化菌群具有丰富的多样性，表现出根圈与非根圈、根系与根际沉积物之间的微生境异质性，以及不同植物种类之间的差异（见图5-3）。

（2）基于 *pmoA* 基因的测序结果显示，高通量测序和克隆文库测序结果基本一致，所有样品中以 Type I 甲烷氧化菌为优势（相对丰度为 72.4%～95.2%），而 Type II 甲烷氧化菌占比较低（2.2%～4.8%）；Type I 甲烷氧化菌 *Methylomonas denitrificans* FJG1（22.2%～80.4%）在各样品中普遍占比较高，而芦苇根圈中 *Methyloglobulus morosus* 占比（34.5%～44.4%）也较高。

总体而言，Methylomonas 在富营养化的乌梁素海湿地植物根圈和沉积物中占主导地位（见图 5-4 和图 5-8）。

（3）*pmoA* 基因的定量分析结果表明，三种植物根系中 *pmoA* 基因的丰度均显著高于其根际沉积物和无植被区沉积物；而不同植物根系中 *pmoA* 基因丰度有所差异，其中芦苇根系中丰度最高，香蒲中丰度最低（见图 5-11）。

5.2　甲烷氧化型的脱氮菌

反硝化脱氮在全球氮循环中是一个非常重要的过程，可将溶解性的 N 转化为气态 N，由一系列反硝化还原酶参与完成。其中，由 *nirS* 和 *nirK* 基因编码的亚硝酸盐还原酶（Nitrite reductase，Nir），可以催化 NO_2^- 为 NO，这两个酶是同功异构酶，且目前没有一个生物体内同时具有这两种活性的亚硝酸盐还原酶，但是两种基因同时存在一个生物体内。自然环境中 *nirS* 和 *nirK* 型反硝化菌非常多样化，常规的 *nirS* 和 *nirK* 引物具有一定的局限性，很多类群检测不到。2015年，nirS2CF/nirS2CR 引物（针对 Type Ⅰ 好氧甲烷氧化菌群）的设计和使用，为后续在湿地及其湿地植物中研究甲烷氧化型的反硝化菌提供了有力手段。

基于 *pmoA* 基因发现好氧甲烷氧化菌群中平均占比 44.44% 的菌群与 *Methylomonas denitrificans* FJG1 相似度为 100%，而 Kits 等发现隶属于 Type Ⅰ 甲烷氧化菌的 *Methylomonas denitrificans* FJG1 纯菌含有反硝化相关基因，在低氧条件下同时具有甲烷氧化和反硝化活性。为此，我们提出了科学问题，湿地植物根关联的好氧甲烷氧化菌群中具体哪些种类具有反硝化的基因潜力呢？它们的数量和组成如何呢？因此，本章以两个亚硝酸盐还原基因（针对特异的甲烷氧化型反硝化菌的 *nirS* 特异引物和针对通常反硝化菌的 *nirK* 通用引物）作为分子标记，利用定量 PCR 和克隆文库技术，对湿地植物根关联的反硝化菌群多样性及其好氧甲烷氧化菌群的反硝化基因潜力和多样性进行分析，为好氧甲烷氧化菌的脱氮提供分子证据，为寻求富营养化水体氮素去除新策略提供基础数据。

5.2.1　研究方法

（1）材料。取自乌梁素海湖滨湿地芦苇、香蒲、蓖草三种湿地植物根圈和沉积物样品，详见第 3 章。

（2）DNA 的抽提方法。详见第 3 章，且与第 4 章中用的是同样的宏基因组 DNA。

（3）目的基因扩增与纯化。对三种植物根圈和沉积物样品的反硝化菌群的功能基因 *nirS*、*nirK* 片段进行 PCR 扩增，引物分别为 nirSC2F/nirSC2R、F1aCu/R3Cu，均由上海生工（Sangon，Shanghai，China）合成。引物信息，PCR 扩增条件具体见表 5-17。PCR 反应体系，后续 PCR 产物的纯化回收，同前文。

表 5-17　*nirS* 和 *nirK* 基因 PCR 扩增引物及反应条件

目标基因	引物名称	引物序列 (5'-3')	扩增子长度 (bp)	常规 PCR 反应条件	定量 PCR 反应条件
nirS 基因	nirSC2F	TGG AGA ACG CCG GNC ARG TNT GG	410~420	95 ℃，10 min；35×（95℃，30s；56℃，30s；72℃，30s）；最后 72℃ 延伸 10min	98℃，30s；39×（98℃，10s；55℃，10s；68℃，30s 读板）；熔解曲线 65.0～95.0℃，增量 0.5℃，每隔 5s 读板 1 次
	nirSC2R	GAT GAT GTC CAC GGC NAC RTA NGG			
nirK 基因	F1aCu	ATC ATG GTS CTG CCG CG	473	95 ℃，10min；35×（95℃，30s；57℃，35s；72℃，30s）；最后 72℃ 延伸 10min	98℃，30s；40×（98℃，10s；58℃，10s；68℃，30s 读板）；熔解曲线 65.0～95.0℃，增量 0.5℃，每隔 5s 读板 1 次
	R3Cu	GCC TCG ATC AGR TTG TGG TT			

（4）实时荧光定量 PCR。同前文。

（5）克隆文库构建、测序序列分析。同前文（注：基于 *nirS* 基因的序列在 OTU 划分时 cutoff 值为 0.10）。

（6）序列提交。基于 *nirS* 基因获得有效序列共 250 条，登录号为：MG016713～MG016823（根）；MG016724～MG016726，MG016728～MG016752，

MG016754~MG016757 和 MG016760（无植被区沉积物）；MG016861～MG016966（根际沉积物）。

（7）系统发育树分析。同第 4 章。

（8）统计学分析。*pmoA* 和 *nirS* 基因丰度的相关性用简单线性回归计算，其相关性的显著性用 *t*-检验来检验，$P<0.05$ 表示有显著差异。该统计分析用 SPSS 19.0 统计软件。其他分析与前文相同。

5.2.2 反硝化功能基因的定量 PCR

（1）质粒制备。*nirS* 和 *nirK* 基因实时荧光定量 PCR 所需的质粒提取结果如图 5-12 和表 5-18 所示，目的条带特异，清晰，质粒的浓度均为 40.0ng/μL，初始拷贝数分别为 1.07×10^{10} copies/μL 和 1.18×10^{10} copies/μL，10 倍 7 个梯度稀释后进行标准曲线的绘制。

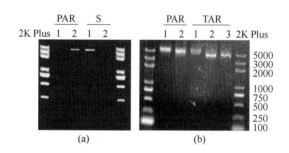

图 5-12　包含 *nirS* 基因(a)和 *nirK* 基因(b)的质粒 DNA 提取结果电泳图

表 5-18　包含各功能基因的质粒 DNA 产量、纯度及初始拷贝数

质粒名称	浓度/ng·μL⁻¹	A260/A280	A260/A230	初始拷贝数/copies·μL⁻¹
含 *nirS* 基因的质粒	40.0	2.00	2.35	1.07×10^{10}
含 *nirK* 基因的质粒	45.0	1.96	1.43	1.18×10^{10}

（2）标准曲线绘制。经过多次实验，本书中定量 PCR 扩增效率：*nirS* 基因为 94.0%~96.3%；*nirK* 基因为 90.2%~93.2%；R^2 值的范围：*nirS* 基因为 0.998~0.999；*nirK* 基因为 0.999~1.000；熔解曲线显示为单峰（见图 5-13）。

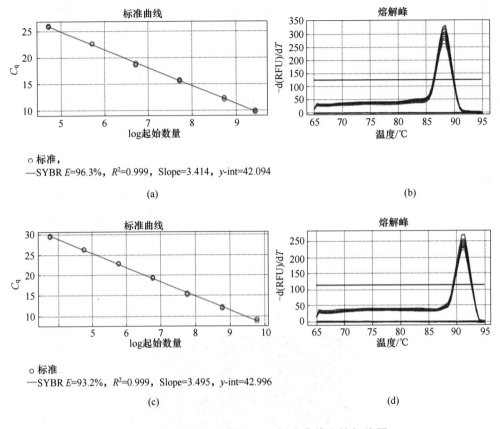

图 5-13　各功能基因定量 PCR 标准曲线和熔解峰图

（a）（b）*nirS*；（c）（d）*nirK*

5.2.3　根圈和沉积物样品的反硝化功能基因

为了估算反硝化菌群的大小，本书利用定量 PCR 技术对不同湿地植物根圈和沉积物样品中反硝化功能基因 *nirK* 和 *nirS* 的拷贝数做了检测，结果如图 5-14 所示。

对于三种植物中 *nirK* 和 *nirS* 基因，根中的拷贝数都显著高于根际沉积物中（$P < 0.05$）。有意思的是，在所有样本中，特异的 *nirS* 基因拷贝数都显著高于通常的 *nirK* 基因（$P < 0.05$）。此外，芦苇（PA）和藨草（ST）根系中，*nirS* 基因的拷贝数高于香蒲（TA）根系中。这些结果暗示三种湿地植物的根系对特异的 *nirS* 基因有选择或富集作用，而且反硝化菌群的大小在三种湿地植物之间有变化，后续重点对 *nirS* 基因的多样性进行研究。

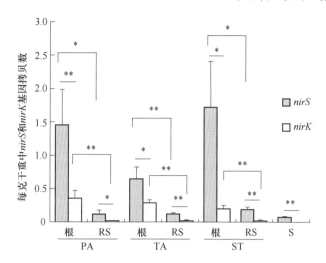

图 5-14 三种湿地植物根圈和沉积物样品中 *nirK* 和 *nirS* 基因的拷贝数

（条形图表示平均值±标准误差（$n=3$）；＊号表示同一种植物的根与根际沉积物差异显著，

同样表示同一样本中 *nirK* 与 *nirS* 基因丰度的差异（$^*P<0.05$，$^{**}P<0.01$））

5.2.4 *nirS* 基因片段扩增及纯化

为了获得脱氮菌 *nirS* 基因片段，采用 nirSC2F/nirSC2R 引物进行 PCR 扩增，扩增条带与 maker 对比，条带大小为 410～420bp，正确，是特异性扩增，可进行后续实验，如图 5-15 所示。

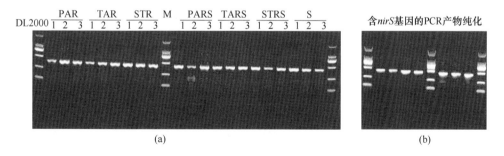

(a)   (b)

图 5-15 各样品中 *nirS* 基因的 PCR 扩增产物(a)及胶回收产物(b)电泳图

5.2.5 含有 *nirS* 基因的甲烷氧化菌的多样性

5.2.5.1 α 多样性分析

基于 *nirS* 基因构建克隆文库，乌梁素海三种植物根圈及沉积物 7 个样本随机挑取 350 个阳性克隆子进行测序，共获得 250 条有效序列，在 90% 的相似水平上划分为 28 个 OTU（见表 5-19）。

表 5-19 三种植物根圈和沉积物 *nirS* 基因克隆文库的多样性指数

来源	PAR	TAR	STR	PARS	TARS	STRS	S	Total
克隆数	50	50	50	50	50	50	50	350
有效序列	36	36	39	35	38	33	33	250
距离	0.1							—
覆盖率/%	77.78	86.11	100	91.43	86.84	93.94	96.97	—
Sobs（OTU 数量）	14	14	3	15	13	5	8	28
Chao1	28	16.5	3	15.38	15.5	5.5	8	—
辛普森指数（Simpson）	0.11	0.07	0.38	0.06	0.11	0.41	0.16	—
香农-威纳指数（Shannon）	2.28	2.45	0.99	2.59	2.27	1.06	1.87	—

各样本克隆文库的稀疏曲线平缓（见图 5-16）和覆盖度较高（见表 5-19 中覆盖率>77%），表明整体上克隆文库测序深度基本可以反映样品中含 *nirS* 基因的好氧甲烷氧化菌群的多样性。Shannon 和 Simpson 指数分析表明：芦苇（PA）和香蒲（TA）根圈，无植被区沉积物中含 *nirS* 基因的甲烷氧化菌多样性明显高于蔗草（ST）中。

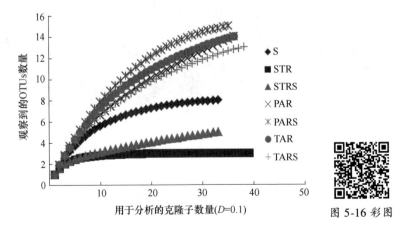

图 5-16 彩图

图 5-16 三种植物根圈和沉积物样品基于 *nirS* 基因克隆文库的稀疏性曲线

　　总之，乌梁素海不同植物根圈及无植被区沉积物含 *nirS* 基因好氧甲烷氧化菌群，相比较前文基于 *pmoA* 基因的好氧甲烷氧化菌群的多样性低一些，但同样表现出根圈与非根圈、根与根际沉积物之间的微生境异质性，以及不同植物种类之间的差异。

5.2.5.2 β 多样性分析

　　利用主成分（PCA）分析植物根圈和沉积物中含 *nirS* 基因好氧甲烷氧化菌群落结构之间的差异性和相似性。如图 5-17 所示，克隆文库数据显示：在 PC1 上聚为两大类，芦苇和香蒲根圈聚为一类，藨草根圈单独为一类，且根据图中的灰色圈的大小，明显看出芦苇与香蒲根圈的多样性高于藨草的；在 PC2 上聚为三类，三种植物的根与根际沉积物各自聚为一类。整体表现为：随着植物种类的不同，群落组成有较大的差异，而同一植物的根系与根际沉积物之间差异不明显。

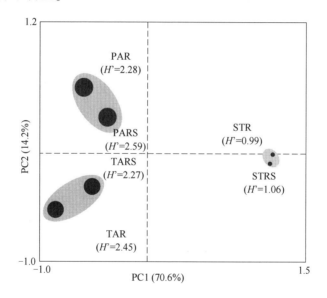

图 5-17 彩图

图 5-17　基于 *nirS* 基因的克隆序列的主成分分析三种植物根圈中
甲烷氧化型反硝化菌的群落结构

（图中灰色圆圈的大小表示香农威纳指数的大小，并用（H' =）来表示）

5.2.6　*nirS* 型反硝化菌群系统发育、组成和分布

　　为了了解三种植物根圈和沉积物中 *nirS* 型反硝化菌群的群落组成，首先基于 *nirS* 基因构建了克隆文库。如图 5-18 和表 5-19 所示，共获得了 250 条序列（28 个 OTUs），结果显示很少的序列（6 条序列）是未知的反硝化菌

属，相对丰度为2.4%；大部分序列（244条序列）隶属于Type I 甲烷氧化菌，相对丰度为97.6%，包含了3个属：Methylomonas（甲基单胞菌属），Methylobacter（甲基杆菌属）和 Methylovulum（甲基卵菌属）。其中：

（1）Methylomonas 明显占主导，所有样品中平均相对丰度为62.4%（15个OTUs包含了156条序列）。其中有3个主要的OTUs，如OTU1（59条序列），与 *Methylomonas denitrificans* FJG1 的相似度为96%，在各样本中均有分布，其中蒌草根圈中相对丰度最高，范围为46.2%~57.6%，其他样本中相对丰度范围为5.6%~19.4%；OTU5（18条序列），与 *Methylomonas denitrificans* FJG1 的相似度为98%，蒌草根圈和沉积物中没有检测到，芦苇根圈中相对丰度较高，范围为17.1%~25.0%，香蒲根圈中相对丰度较低，范围为2.8%~5.2%；OTU2（35条序列），与 *Methylomonas methanica* 相似度为99%，除了香蒲根系中没有检测到，在蒌草根圈中相对丰度较高，范围为30.3%~41.0%，其他样本的相对丰度范围为2.0%~8.6%。

（2）Methylobacter 是第二大优势类群，所有样品中平均相对丰度为29.6%（7个OTUs包含了74条序列，见表5-20）。其中OTU3（27条序列），与 Methylobacter luteus 的相似度为99%，除了蒌草根圈中没有检测到，沉积物中分布最多，为30.3%，其他样本中相对丰度范围为5.6%~16.7%；OTU4（20条序列），与 *Methylobacter tundripaludum* 的相似度为97%，除蒌草根系中没有检测到，其他样本中的相对丰度范围为2.8%~23.7%。

（3）相比 Methylomonas，Methylobacter 和 Methylovulum（4个OTUs包含了14条序列，见表5-20）分布较少，蒌草根圈和沉积物中没有检测到，芦苇与香蒲根圈均有较少分布，相对丰度范围为2.8%~11.1%（见图5-18）。

表5-20　三种植物根圈和沉积物的 *nirS* 克隆文库中每一个OTU的序列数目

根区	总序列数	甲基单胞菌属															甲基杆菌属							甲基卵菌属				未分类的克隆子	
		OTU1	OTU2	OTU5	OTU7	OTU9	OTU10	OTU13	OTU17	OTU18	OTU19	OTU21	OTU24	OTU25	OTU27	OTU28	OTU3	OTU4	OTU6	OTU8	OTU12	OTU22	OTU26	OTU11	OTU15	OTU16	OTU23	OTU14	OTU20
PAR	36	7	1	9	3		1	3				1	1			1	2	1	1					4			1		
TAR	36	2		1	4	1	2		3		1			1			6	4	2		5					3		1	
STR	39	18	16		5													2											
PARS	35	3	3	6	1	2		2			2						3	2		1					2			3	2
TARS	38	6	3	2	1			2			1						6	9	3			1	1	2					
STRS	33	19	10				1				1														2				
S	33	4	2		1		3										10	2	4	7									
Total	250	59	35	18	10	8	7	6	3	3	2	1	1	1	1	1	27	20	10	9	6	1	1	6	4	3	1	4	2
		156															74							14				6	

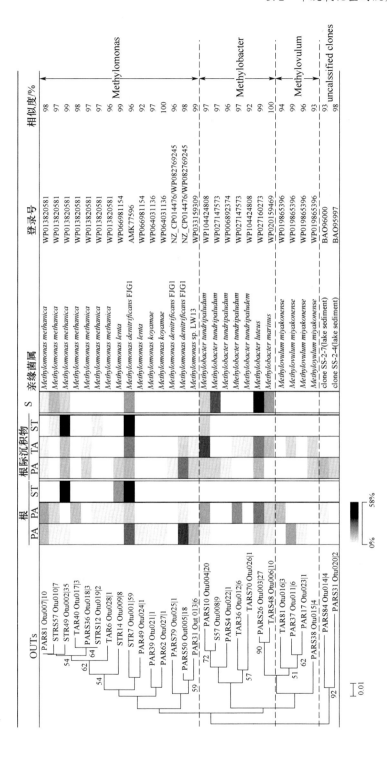

图 5-18　三种植物根圈和沉积物中 *nirS* 基因的系统发育树（≥90% 的氨基酸相似）

（每个 OTU 在每个文库中的相对丰度以不同梯度颜色展示于热图中，白色（0%）到黑色（58%）；BLAST 比对的结果作为代表（相似序列）；
系统树采用邻接法，1000 次重复计算，选取 bootstrap 值≥50% 的在系统树左边节点处显示）

5.2.7 *nirS* 型反硝化菌群与甲烷氧化菌的关联

进一步将基于 *pmoA* 和 *nirS* 基因的克隆序列的系统发育之间的关联进行分析，如图 5-19 所示。甲基单胞菌属 Methylomonas、甲基杆菌属 Methylobacter 和甲基卵菌属 Methylovulum 这三个菌属作为甲烷氧化型的反硝化菌在两个基因的克隆文库中是常见类群，被频繁地检测到。也可以说 Methylomonas、Methylobacter 和 Methylovulum 这三个 Type I 好氧甲烷氧化菌菌属具有反硝化基因潜力。

进一步对这三类共有类群的相对丰度进行了详细统计，如图 5-20 所示。Methylomonas 在 *pmoA* 克隆文库中占比为 34.5%~82.4%；在 *nirS* 克隆文库中占比为 57.1%~100%，在芦苇（PA）和薜草（ST）根圈中占主导；而 Methylomonas（在 *pmoA* 克隆文库中占比为 34.5%~82.4%，在 *nirS* 克隆文库中占比为 30.3%~41.7%）和 Methylobacter（在 *pmoA* 克隆文库中占比为 12.7%~25.0%，在 *nirS* 克隆文库中占比为 47.2%~69.7%）二者均在香蒲（TA）根圈中为优势类群；而在薜草（ST）根圈中，Methylobacter 在两个文库中都很少被检测到。相比较 Methylomonas 和 Methylobacter 两个属，Methylovulum（在 *pmoA* 克隆文库中占比为 0~3.3%，在 *nirS* 克隆文库中占比为 0~13.9%）在各样本中相对含量较少。综上，可以说 Methylomonas、Methylobacter 和 Methylovulum 这三个菌属，作为包含 *nirS* 的 Type I 甲烷氧化菌，在芦苇、香蒲、薜草根圈中是共有类群。

此外，简单线性回归分析显示（见图 5-21），三种植物根圈和沉积物中 *pmoA* 和 *nirS* 基因拷贝数之间呈极显著正相关性（$P<0.01$）。

总的来说，Methylomonas 呈现出了从沉积物→根际沉积物→根系逐渐增加的趋势，而 Methylobacter 表现出相反的趋势。这些结果暗示了植物根系对包含 *nirS* 基因的 Type I 甲烷氧化菌（脱氮甲烷氧化菌）具有富集作用，尤其是对 Methylomonas 具有选择作用。

5.2.8 甲烷氧化型的脱氮菌多样性分析

挺水植物，如芦苇、香蒲、薜草在人工湿地系统中是很好的去除氮、磷的植物，而且可以适应盐环境。很多研究集中于湿地植物根际微生物，包括甲基营养菌和异养菌。但是，很少有研究关注自然湿地中植物根关联的甲烷氧化菌的反硝化作用。

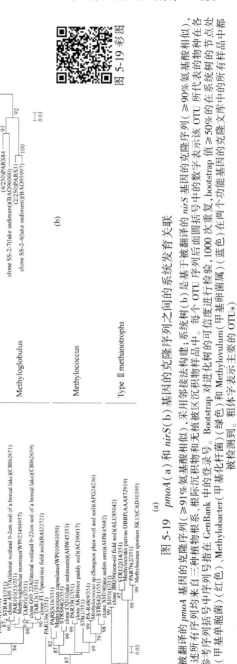

图 5-19　*pmoA*(a) 和 *nirS*(b) 基因的克隆序列之间的系统发育关联

(系统树 (a) 是基于被翻译的 *pmoA* 基因的克隆序列 (≥91% 氨基酸相似)，采用邻接法构建，上述所有序列均来自三种植物根系。根际沉积物根系。文库中的序列数。参考序列括号中序列号指在 GenBank 中序列登录号。Methylomonas(甲基单胞菌)(红色)，Methylobacter(甲基杆菌)(绿色) 和 Methylovulum(甲基卵菌) 被检测到。粗体字表示主要的 OTUs)

(系统树 (a) 是基于被翻译的 *pmoA* 基因的克隆序列 (≥91% 氨基酸相似)，采用邻接法构建；系统树 (b) 是基于被翻译的 *nirS* 基因的克隆序列 (≥90% 氨基酸相似)，采用邻接法构建。每个 OTU 序列后面圆括号中的数字代表该 OTU 所代表的物种在各文库中的序列数。Bootstrap 对进化树的可信度进行检验，1000 次重复，bootstrap 值 ≥50% 的在系统树的节点处显示。Methylomonas(甲基单胞菌) (绿色) 和 Methylovulum(甲基卵菌) (蓝色) 在两个功能基因文库中的克隆文库中的所有样品中都显示。粗体字表示示文库中的所有样品中都被检测到。)

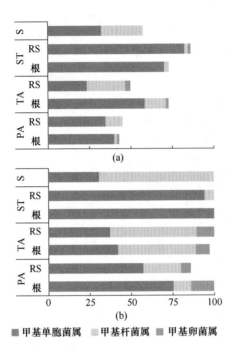

(a)

(b)

■ 甲基单胞菌属 ▨ 甲基杆菌属 ▦ 甲基卵菌属

图 5-20 三种植物根圈和沉积物中 3 个共同菌属在 $pmoA$（a）和
$nirS$（b）基因的克隆文库中相对丰度的比较

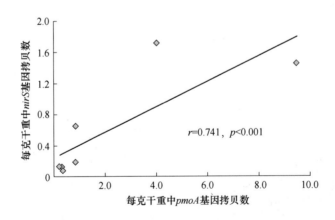

$r=0.741$, $p<0.001$

图 5-21 三种植物根圈和沉积物中 $pmoA$ 和 $nirS$ 基因拷贝数之间的相关性

在此，本书在我国北方的一个重要的富营养湿地中，提供了与三种常见
的湿地植物（芦苇、香蒲、蔗草）根系关联的甲烷氧化菌，甲烷氧化型反硝
化菌群的丰度、多样性的分子数据。研究发现隶属于 Type I 的甲烷氧化菌
Methylomonas、Methylobacter 和 Methylovulum 作为脱氮甲烷氧化菌在各样本中

被频繁地检测到（见图 5-18～图 5-20），很可能是由于过量氮输入和盐碱条件下的环境选择。尽管第 4 章中，三种植物根系的 *pmoA* 的克隆文库中获得了多样化的好氧甲烷氧化菌属，但是只有 *Methylomonas denitrificans*，*Methylomonas methanica*，*Methylomonas lenta*，*Methylomonas koyamae*，*Methylobacter luteus* 和 *Methylovulum miyakonense*，这些菌群含有反硝化的功能基因，如 *nirS* 基因，且它们在本书中作为甲烷氧化型的反硝化菌群很有优势。但是，Methyloglobulus、Methylococcus 和 Methylomicrobium 菌属中没有检测到 *nirS* 基因，可能由于这些好氧甲烷氧化菌类群本来就不含有 *nirS* 基因，或者本来含有 *nirS* 基因却低于检出限而没有检测出来。

近年来，好氧甲烷氧化菌调节氮循环引起了越来越多的关注，包括直接的调节和间接的调节。在好氧甲烷氧化菌耦合反硝化（Aerobic methane oxidation coupled to denitrification，AME-D）过程中，好氧甲烷氧化菌与异养菌形成共同体，利用甲烷作为外部的碳源进行反硝化作用。尽管在一定的环境中，对好氧甲烷氧化菌与其他反硝化菌形成共同体有报道，一些分离的甲烷氧化纯菌展现出了反硝化活性，在污水处理系统中，好氧甲烷氧化菌的反硝化基因潜力也有报道，但是一直以来，在自然环境中好氧甲烷氧化菌自身的反硝化能力似乎被忽视了。有意思的是，在海洋系统中，组学分析发现 Type I 甲烷氧化菌与反硝化作用显示出了直接联合状态，这也加强了本书的结果。

相比较蘸草、芦苇和香蒲根圈关联微生物的多样性更高，这也许是众多人工湿地系统中更偏好于选择芦苇和香蒲作为净化植物的一个潜在原因。2009 年，Berg 和 Smalla 发现植物种类影响根际微生物的多样性和丰度。由于植物根系分泌物的差异、根际环境物理化学性质的不断变化，根组织的通气组织的发达程度，氧气运输速率的差异，使得不同植物具有特定的根际、根面及根内微生物群落组成。此外，潜在脱氮活性与反硝化的 *nirS* 基因的丰度之间的关系表明：在根系中，遗传潜能是潜在反硝化活性的有效指标。但是不同植物种类，*nirS* 基因的丰度是有差异的。相比较无植被区沉积物，芦苇可以增强反硝化速率和反硝化功能基因的数量，然而香蒲可以促进反硝化效率，却不影响反硝化功能基因的数量。这些信息暗示：在世界范围有植被生长的湿地中，特别是芦苇占主导地位的湿地，与根系关联的 Type I 甲烷氧化型反硝化菌在同时减缓甲烷释放和增加氮素的去除具有重要意义。

综合第 4 章和第 5 章中的结果，明显地，与根系关联的甲烷氧化和脱氮功能菌的多样性和丰度在不同植物种类之间表现出了差异。在不同的水生环境中，与植物根系关联的甲烷氧化菌群落是否有差异或变化是未来研究的课题。

综上所述，得出以下结论：

（1）基于脱氮功能基因的定量结果显示，三种植物根系中 $nirK$ 和 $nirS$ 基因丰度显著高于根际沉积物和无植被区沉积物。且同一种植物根系中特异的 $nirS$ 基因丰度显著高于 $nirK$ 基因；芦苇和藨草根系中 $nirS$ 基因丰度均高于香蒲根系。这些结果暗示三种湿地植物的根系对甲烷氧化型的反硝化菌有选择或富集作用。

（2）群落结构聚类分析结果表明，Methylomonas、Methylobacter 和 Methylovulum 这 3 个好氧甲烷氧化菌属具有反硝化基因潜力。相比较好氧甲烷氧化菌，甲烷氧化型反硝化菌群的多样性较低；随着植物种类的不同，群落组成具有较大的差异，而同一植物的根与根际沉积物之间差异不明显。

（3）基于 $nirS$ 基因的克隆文库测序结果显示，根系、根际沉积物和无植被区沉积物中 Type I 甲烷氧化菌 Methylomonas 占比均较大，从大到小依次为：藨草>芦苇>香蒲>无植被区沉积物。

5.3 根系中的好氧甲烷氧化菌

前文对不同植物根圈甲烷氧化菌群进行的定量和组成的研究，发现 Type I 甲烷氧化菌及其脱氮功能基因在根系中占优势，可见植物根系在执行甲烷氧化功能中是非常重要的场所，那么这些芦苇、香蒲、藨草根系中 Type I 甲烷氧化菌如何分布呢？根组织的表皮、中柱、通气组织等微生境条件怎样影响甲烷氧化菌的生长和功能作用？这些问题尚待研究。本章就是利用 CARD-FISH 技术来初步分析甲烷氧化菌在芦苇、香蒲、藨草根系的实际分布情况。

酶联荧光原位杂交技术（Catalyzed reporter deposition fluorescent in situ hybridization，CARD-FISH）是荧光原位杂交技术（Fluorescent in situ hybridizatiɔn，FISH）的一种变形，通过增加信号强度，灵敏度非常高。二者异同如图 5-22 所示。

细胞的固定和通透性处理

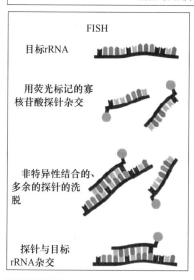
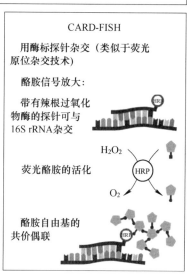

FISH

目标rRNA

用荧光标记的寡核苷酸探针杂交

非特异性结合的、多余的探针的洗脱

探针与目标rRNA杂交

CARD-FISH

用酶标探针杂交（类似于荧光原位杂交技术)

酪胺信号放大：

带有辣根过氧化物酶的探针可与16S rRNA杂交

H_2O_2

荧光酪胺的活化   HRP

O_2

酪胺自由基的共价偶联

荧光显微镜原位检测染色细胞

图 5-22 荧光原位杂交技术和酶联荧光原位杂交技术的比较及主要步骤

CARD-FISH 技术已经成为现代微生物生态学研究中强有力的技术。除了与 FISH 一样的用途外，它还可以对环境样品中稀有种群进行检测、定量，不仅依赖 rRNA-target 种系发育识别，也可以应用于微生物生理特性和代谢活动的研究。大量研究利用该技术对不同自然环境样品中目标种群进行原位杂交检测，包括大田土壤、水域沉积物、生物膜、根际土等。Eickhorst 等对土壤微生物定量检测发现，CARD-FISH 通过特异荧光过滤系统与染料结合检测到的杂交细胞数量显著高于通过单一荧光标记的 FISH，且发现影响杂交效果的主要因素有细胞通透性和荧光信号放大反应，由于土壤含有很高的粘粒，实验操作中采用聚碳酸酯滤器比玻璃载玻片效果好。Ishii 等在对 German Wadden 海洋潮间带沙地的沉积物样品中所有细菌细胞的定量研究中发现：对于 2~3cm 表层沉积物，CARD-FISH 与 FISH 定量结果差不多（92% vs. 82%)，但是对于 35~40cm 深层的沉积物，CARD-FISH 的定量结果显著高于 FISH 的结果（63% vs. 26%)，CARD-FISH 可以有效地检测出深层沉积物中目标种群中低 rRNA 含量的细胞。CARD-FISH 技术被用来研究奥德河流域生物膜中 α、β、γ 变形菌纲群落组成及变化，显示了很好的效果，并分离了生物膜上的铁锰氧化细菌。CARD-FISH 技术也被用来研究城市垃圾填埋场覆盖土壤中 Type Ⅰ 和 Type Ⅱ 甲烷氧化菌群，发现检测的菌群数量远高于 MPN 方法检测的数量，显示了 CARD-FISH 对原位甲烷氧化菌检测的灵敏性。Edwards 等在对水稻根关联的微生物组构建中，通过 CARD-FISH 实验检测水稻根际微生物的洗脱效果，为植物根圈样品分离方法的有效性提供了很好的证据。Hannes 等利用 CARD-FISH 技术对水稻根系表面真细菌、古细菌和两类甲烷氧化菌进行检测，结果显示甲烷氧化菌数量在水稻根面显著多于根际土壤，这可能与根系分泌物的刺激有关。自然湿地植物根内甲烷氧化菌的生物定位特征尚待研究，本书参照 Bao 等对水稻根内 Type Ⅱ 型甲烷氧化菌的观察、识别、定位芦苇、香蒲、蔗草根内的 Type Ⅰ 甲烷氧化菌具体部位，对其分布特征作进一步分析。

5.3.1 CARD-FISH 实验的影响因素

影响 CARD-FISH 实验效果的主要因素有：细胞的通透性、待测样品的内源过氧化物酶失活情况（背景荧光信号的干扰）、杂交的灵敏度、探针的特异性。

由于辣根过氧化物酶（HRP）（大小 4~5nm，分子量 40kDa）比普通荧光分子（分子量 500~1000Da）要大得多，杂交时细胞渗透性差，因此实验中必须预先对细胞壁做通透性处理，防止因标记 HRP 的探针不能进入微生物细胞而造成的假阴性结果。固定细胞储存条件、时间以及包埋效果都影响随后细胞壁的通透性处理。通透性处理使用的酶有溶菌酶、无色肽酶、蛋白酶 K、假肽聚糖肽键内切酶。其中，溶菌酶是最普遍使用的。大部分革兰氏阴性菌都可以利用溶菌酶做通透性处理，由于一些革兰氏阳性菌对溶菌酶有抵抗作用，溶菌酶只能消化细胞壁的部分多分子层，因此，对于革兰氏阳性菌通常使用溶菌酶+无色肽酶做通透性处理。

杂交反应中连在探针上的过氧化物酶催化 H_2O_2 成为羟基，从而激活荧光基团（带酪胺分子）结合在靶 DNA 上，而待测样品的内源过氧化物酶会率先催化导致荧光基团的非特异性结合，进而导致假阳性。因此，杂交前必须对内源性过氧化物酶做失活处理。不幸的是，对于不同的环境样品没有一个普适性的最佳内源酶的最佳失活方案。具体实验中设置不同浓度的 H_2O_2，不同处理时间的交叉实验小组，对待测样品的内源酶进行失活处理，通过镜检结果对比分析，确定最佳的实验条件，确保样品的背景荧光被彻底去除。前人的研究结果中 0.15%H_2O_2、30min 的效果良好，可以参考。

AlexaFluor488 是一种绿色荧光染料，与传统的荧光染料相比，具有发光强度高，不易淬灭，灵敏度更高，pH 值的稳定性好，背景信号更低的优势，适宜拍照，该染料已经在细胞生物学和分子生物学中得到广泛利用。

选取已经被广泛应用的 TypeⅠ甲烷氧化菌特异性探针 Mγ705+Mγ84，先对购买的模式 TypeⅠ甲烷氧化菌 *Methylomonas koyamae* Fw12E-Y 进行杂交检测，确定关键的实验参数，验证杂交体系的有效性，下一步对自然湿地植物芦苇、香蒲、薅草根组织切片中 TypeⅠ甲烷氧化菌进行识别、定位。

5.3.1.1 阳性对照菌

TypeⅠ甲烷氧化菌：*Methylomonas koyamae* Fw12E-Y^T（NCIMB14606），购买于国外某菌种保藏中心（National Biological Resource Center，NBRC），装有 20mL 的 1a medium 血清瓶（总体积为 60mL）中充 50%（体积：体积）甲烷气体，在 30℃下培养。

1a medium 组成成分如下：$NaNO_3$ 1.0g/L，$MgSO_4 \cdot 7H_2O$ 0.1g/L，$Na_2HPO_4 \cdot 12H_2O$ 0.5g/L，KH_2PO_4 0.22g/L，$CaCl_2 \cdot 6H_2O$ 0.03g/L，$FeSO_4(7H_2O)$ 0.002g/L；微量金属元素溶液 1mL；其中，微量金属元素溶液单独配制，组成为：$ZnSO_4(7H_2O)$ 0.44g/L，$CuSO_4(5H_2O)$ 0.2g/L，$MnSO_4(2H_2O)$ 0.17g/L，$Na_2MoO_4(2H_2O)$ 0.06g/L，H_3BO_3 0.01g/L，$CoCl_2(6H_2O)$ 0.08g/L。

先将微量金属元素溶液配置好，于 121℃高温灭菌 20min 后，冷却，在无菌超净台中将定量的微量元素溶液加入主体培养基中，用 NaOH 调节主体培养基 pH 值至 7.0，固体 1a 培养基的配制是在液体培养基中加 1.5%（湿重/体积）琼脂后高压蒸汽灭菌，待培养基冷却至 60℃左右在无菌超净台倒平皿，凝固保存-4℃电冰箱备用。

液体培养基在接菌前，在无菌条件下分装进入无菌的血清瓶中。充气注意：抽出血清瓶中空气用一次性 20mL 的注射器，充入甲烷气体（99.9%高纯 CH_4）时用一次性注射器要通过 0.22μm 的滤器进入，置于 30℃恒温摇床中培养；固体培养皿接菌后放置于气密型小型干燥培养箱（AS ONE，Japan）内，用水式真空泵将培养箱内空气抽出至培养箱压强表刻度显示约 0.05 时，接通甲烷气罐，将甲烷充入培养箱内至压强表刻度显示 0.0 时，此时培养箱内甲烷为 50%（体积：体积），确保没有漏气后，置于 30℃恒温培养箱中培养。

5.3.1.2　植物根系组织样品

保存于-80℃超低温电冰箱中三种湿地植物芦苇根、香蒲根、藨草根根系样品同前面介绍。CARD-FISH 探针信息见表 5-21。

表 5-21　CARD-FISH 探针信息表

探针名称	目标菌群	探针序列（5'-3'）
Mγ705	Ⅰ型甲烷氧化菌	CTGGTGTTCCTTCAGATC
Mγ84	Ⅰ型甲烷氧化菌	CCACTCGTCAGCGCCCGA
Eub388*	真细菌	TGAGGATGCCCTCCGTCG

注：* 作为阳性对照来检验杂交的有效性。表中的三种探针 5' 都被辣根过氧化物酶（Horse Reddish Peroxidase，HRP；Biomers）标记。

5.3.2　CARD-FISH 实验准备工作

5.3.2.1　试剂及其配制方法

（1）PBS（140mmol/L NaCl，10mmol/L Na_2HPO_4，1.8mmol/L KH_2PO_4，pH=7.4），购买于生工生物。PBS 的配方表见表 5-22。

表 5-22　PBS 的配方

试　剂	剂　量
4%多聚甲醛磷酸缓冲液（原液）（PBS）	100mL
5mol/L NaCl 溶液（已灭菌）	3mL

注：分装于 2mL 离心管中，-20℃保存。

（2）3.8%多聚甲醛磷酸缓冲液（Roti-Histofix，Roth）。

（3）10% SDS 储存液：100mL 纯水+10g SDS 固体，无需灭菌，稀释为 0.01% SDS 使用。

（4）1%低熔点琼脂糖（REF，USA）：0.2g 溶于 20mL 无菌水中。

（5）1mol/L Tris-HCl 缓冲液，pH=8.0：12.1g Tris-Base 固体，加入 80mL 纯水溶解后用浓盐酸调节 pH 值至 8.0，终体积为 3~4mL，高温灭菌，常温保存。

（6）0.5mol/L EDTA 溶液，pH=8.0：46.53g EDTA · 2Na · $2H_2O$ 固体

溶解于约 200mL 纯水中，用 NaOH 调节 pH 值至 8.0，终体积为 250mL，高温灭菌，常温保存。

（7）5mol/L NaCl：292.5g NaCl 固体溶解于约 950mL 纯水中，定容，终体积为 1L，高温灭菌，常温保存。

（8）5×TN：100mL。5×TN 缓冲液配制见表 5-23。

表 5-23 5×TN 缓冲液配制

试　剂	剂　量
1mol/L Tris-HCl 缓冲液（已灭菌）	10mL
5mol/L NaCl（已灭菌）	90mL

注：无菌超净台内混合，常温保存。

（9）TNT 缓冲液：1L。TNT 缓冲液配制见表 5-24。

表 5-24 TNT 缓冲液配制

试　剂	剂　量
1mol/L Tris-HCl 缓冲液（已灭菌）	100mL
5mol/L NaCl（已灭菌）	90mL
无菌水	869.5mL
Triton-X-100（非离子表面活性剂）	500μL

注：无菌超净台内混合，常温保存。

（10）10mg/mL 溶菌酶：50mL。溶菌酶（10mg/mL）配制见表 5-25。

表 5-25 溶菌酶（10mg/mL）配制

试　剂	剂　量
溶菌酶固体	0.5g
1mol/L Tris-HCl（已灭菌）	5mL
0.5mol/L EDTA（已灭菌）	5mL
灭菌水	40mL

注：0.22μm 滤器过滤除菌，分装−20℃保存。

（11）马来酸缓冲液（Maleic acid）。马来酸缓冲液配制见表5-26。

表 5-26　马来酸缓冲液配制

试　剂	剂　量
马来酸固体	0.5g
5mol/L NaCl（已灭菌）	3mL
灭菌水	约97mL

注：用 NaOH 调节 pH 值至 7.5，终体积为 100mL，无菌超净台内 0.22μm 滤器过滤除菌。

（12）10% 封闭剂（Blocking reagent）。称取 10g 封闭剂（Roche，Mannheim，Germany）固体于 100mL 马来酸缓冲液中，磁力搅拌器加热溶解，高温灭菌后分装，-20℃ 保存。

（13）包埋混合液。纯菌操作时，载玻片每个小孔上样量为 7μL；根切片一般每个离心管内 10 个左右，加包埋混合液 20μL 左右，覆盖根切片即可。包埋混合液配制见表 5-27。

表 5-27　包埋混合液配制

试　剂	剂　量
待检样品	0.5μL
PBS	5.1μL
0.01% SDS	0.7μL
1% 低熔点琼脂糖	0.7μL
灭菌水	40mL

注：样品量根据固定菌体量适当调整，进而调整 PBS 的量，保证总体积为 7μL。

（14）杂交缓冲液（Hybridization buffer）：5mL。杂交缓冲液配制见表 5-28。

表 5-28 杂交缓冲液配制

试剂及终浓度	剂 量	储备液
10%（湿重/体积）右旋葡聚糖硫酸钠	0.5g	右旋葡聚糖硫酸钠 （PK chemicals，Hårlev，Denmark）
5×TN 包括以下两种： 20mmol/L Tris-HCl 0.9mol/L NaCl	1mL 分别为： 100μL 900μL	
灭菌水	2mL	
1%（湿重/体积）封闭剂	500μL	10% 封闭液
30%（体积/体积）去离子甲酰胺 （Fomamide）	1.5mL	100% 二甲基甲酰胺
0.01%（湿重/体积）SDS	5μL	10% SDS

注：配制于离心管内高温灭菌后，−20℃保存，用时 60℃水浴加热。纯菌每个小孔加 7μL，根切片每个离心管加 500μL。

（15）洗脱缓冲液：50mL。洗脱缓冲液配制见表 5-29。

表 5-29 洗脱缓冲液配制

试剂及终浓度	剂 量	储备液
5×TN	10mL	
5mmol/L EDTA	500μL	0.5mol/L EDTA
灭菌水	25mL	
30%（体积/体积）去离子甲酰胺 （Fomamide）	15mL	100% 二甲基甲酰胺
0.01%（湿重/体积）SDS	50μL	10% SDS

注：配置于 50mL 离心管内无需灭菌，现配现用，保持新鲜。

（16）酪胺信号放大（TSA）反应液：100μL。酪胺信号放大（TSA）反应液配制见表5-30。

表 5-30　酪胺信号放大（TSA）反应液配制

试剂及终浓度	剂　量	储备液
10%（湿重/体积）右旋葡聚糖硫酸钠	25μL	40%（0.4g 溶于 1mL 灭菌水中）
1×PBS	72μL	
1%封闭剂	1μL	10%
0.0015% H_2O_2	1μL	0.15%
1%酪胺分子结合的 488nm 的 Alexa 绿色荧光染料	1μL	原液

注：橘色粉末，用 100μL Fomamide 溶解后为黄绿色，严格避光保存于−20℃ 电冰箱中；纯菌每个载玻片小孔加 7μL，根切片每个离心管加 500μL。

（17）DAPI（4',6-diamidino-2-phenylindole）（Promega）工作液。

1）DAPI 原液 1μg/μL：1mg 溶于 1mL 灭菌水中，严格避光保存于−20℃ 电冰箱中；

2）DAPI 工作液 1ng/μL：1μL 原液→1mL 灭菌水中，现稀释使用。

5.3.2.2　器皿及仪器介绍

（1）主要器皿。根组织样品操作（无菌离心管），纯菌细胞操作（带孔杂交载玻片和 50mL 玻璃染色缸），密封保鲜盒（纯菌与根切片干燥、探针杂交、TSA 反应）。

（2）主要仪器。恒温鼓风烘箱，恒温水浴锅，普通电冰箱，倒置荧光显微镜（Ci-L；Nikon，Tokyo，Japan），激光共聚焦显微镜（LSM710，Carl Zeiss，Jena，Germany）和 ZEN 2012 软件（Carl Zeiss）。

5.3.2.3　CARD-FISH 操作流程

CARD-FISH 操作流程具体如下：

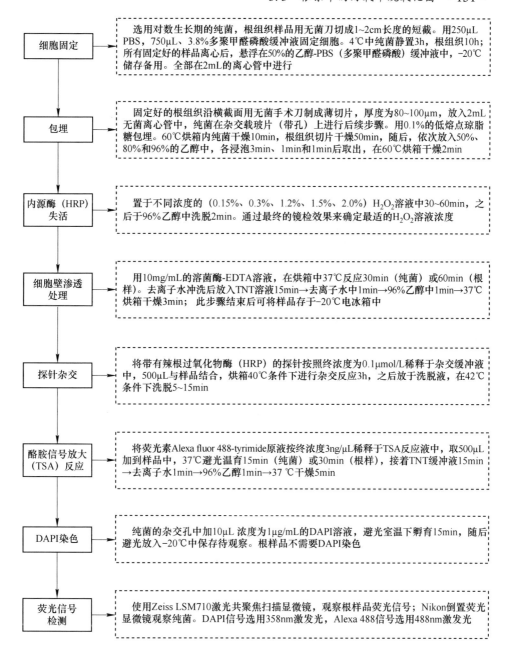

细胞固定	选用对数生长期的纯菌，根组织样品用无菌刀切成1~2cm长度的短截。用250μL PBS，750μL、3.8%多聚甲醛磷酸缓冲液固定细胞。4℃中纯菌静置3h，根组织10h；所有固定好的样品离心后，悬浮在50%的乙醇-PBS（多聚甲醛磷酸）缓冲液中，−20℃储存备用。全部在2mL的离心管中进行
包埋	固定好的根组织沿横截面用无菌手术刀制成薄切片，厚度为80~100μm，放入2mL无菌离心管中，纯菌在杂交载玻片（带孔）上进行后续步骤。用0.1%的低熔点琼脂糖包埋。60℃烘箱内纯菌干燥10min，根组织切片干燥50min，随后，依次放入50%、80%和96%的乙醇中，各浸泡3min、1min和1min后取出，在60℃烘箱干燥2min
内源酶（HRP）失活	置于不同浓度的（0.15%、0.3%、1.2%、1.5%、2.0%）H₂O₂溶液中30~60min，之后于96%乙醇中洗脱2min。通过最终的镜检效果来确定最适的H₂O₂溶液浓度
细胞壁渗透处理	用10mg/mL的溶菌酶-EDTA溶液，在烘箱中37℃反应30min（纯菌）或60min（根样）。去离子水冲洗后放入TNT溶液15min→去离子水中1min→96%乙醇中1min→37℃烘箱干燥3min；此步骤结束后可将样品存于−20℃电冰箱中
探针杂交	将带有辣根过氧化物酶（HRP）的探针按照终浓度为0.1μmol/L稀释于杂交缓冲液中，500μL与样品结合，烘箱40℃条件下进行杂交反应3h，之后放于洗脱液，在42℃条件下洗脱5~15min
酪胺信号放大（TSA）反应	将荧光素Alexa fluor 488-tyrimide原液按终浓度3ng/μL稀释于TSA反应液中，取500μL加到样品中，37℃避光温育15min（纯菌）或30min（根样），接着TNT缓冲液15min→去离子水1min→96%乙醇1min→37℃干燥5min
DAPI染色	纯菌的杂交孔中加10μL浓度为1μg/mL的DAPI溶液，避光室温下孵育15min，随后避光放入−20℃中保存待观察。根样品不需要DAPI染色
荧光信号检测	使用Zeiss LSM710激光共聚焦扫描显微镜，观察根样品荧光信号；Nikon倒置荧光显微镜观察纯菌。DAPI信号选用358nm激发光，Alexa 488信号选用488nm激发光

$$内源酶（HRP）失活$$

5.3.2.4 CARD-FISH 实验方案

（1）TypeⅠ甲烷氧化菌纯菌检测实验小组设置见表 5-31。纯菌实验设置的目的：主要为了检测 CARD-FISH 实验体系的有效性，为根组织切片中TypeⅠ甲烷氧化菌群的检测建立方法体系。

表 5-31 Type I 甲烷氧化纯菌 CARD-FISH 实验小组设置

组别	探针	Alexa 488 染料	DAPI	镜检结果	备 注
无探针组	无	加	加	只有蓝光信号，无绿光	如有绿色信号，说明待测样品组的绿光不可信
Eub388 探针组	加 Eub388	加	不加	只有明显的绿光信号，无蓝光	证明整个实验体系有效性
Type I 甲烷氧化菌探针组	加 Mγ705+ Mγ84	加	加	明显的蓝光与绿光信号都有	如二者重合，说明所有的微生物都是 Type I 甲烷氧化菌

（2）根组织切片中 Type I 甲烷氧化菌群检测实验小组设置见表 5-32。

表 5-32 根组织切片中 Type I 甲烷氧化菌群 CARD-FISH 实验小组设置

组别	探针	Alexa 488 染料	DAPI	镜检结果	备 注
无探针组	无	加	不加	根切片组织自荧光	如有明显绿色荧光信号，说明待测样品组的绿光不可信
Type I 甲烷氧化菌探针组	加 Mγ705+ Mγ84	加	不加	358nm：组织蓝色自荧光 488nm：有明显的绿色荧光信号	绿色信号为 Type I 甲烷氧化菌

5.3.3 模式菌株的 CARD-FISH 检测

以 Type I 甲烷氧化菌的模式菌 *Methylomonas koyamae* Fw12E-Y[T]（NCIMB14606）作为阳性对照，来验证本书中的探针、染料和实验方法体系。如图 5-23 所示，清晰的蓝色和绿色荧光信号表明，在 1a 培养基中，Type I 甲烷氧化菌通过 CARD-FISH 实验被观察到了。特异性探针 Mγ705+

Mγ84 与 Type I 甲烷氧化菌的目标 DNA 杂交，发绿光；DAPI 能与所有微生物双链 DNA 杂交，发蓝光；且蓝光和绿光能够重叠，由此说明被检的所有菌体均为 Type I 甲烷氧化菌。本结果证明了实验体系和操作步骤的可行性。

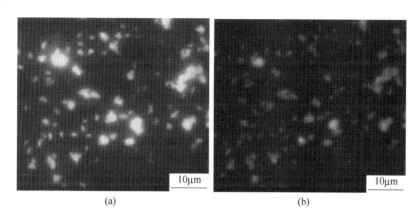

图 5-23 CARD-FISH 检测 Type I 甲烷氧化菌模式菌株 *Methylomonas koyamae* Fw12E-Y^T

（a）用探针 Mγ705+Mγ84 杂交的绿色荧光（Alexa 488）信号；（b）DAPI 染色

5.3.4 不同湿地植物根组织中的甲烷氧化菌

在对 Type I 甲烷氧化纯菌利用 CARD-FISH 技术观察的基础上，先用 H₂O₂ 对根组织自身的过氧化物酶失活，进而排除背景荧光的干扰，得出 1.2% H₂O₂ 反应 60min 为最适处理方案。在此参数下进行根切片中 Type I 好氧甲烷氧化菌的原位杂交及定位，详见图 5-24。在芦苇根和香蒲根组织横切面中，不仅在维管束内（见图 5-24（a）~（c）和图 5-24（j）~（o）），还有通气组织的周围（见图 5-24（d）~（f））清晰可见 Type I 甲烷氧化菌的绿色荧光信号。在薹草根组织纵切面中，表皮细胞中观察到大量清晰可见的 Type I 甲烷氧化菌的绿色荧光信号（见图 5-24（g）~（i））。

通常好氧甲烷氧化菌的甲烷氧化作用在有氧的条件下进行，而反硝化作用需要微氧或者厌氧的条件。Rahalkar 等发现，在缺氧的湖泊沉积物中，Type I 甲烷氧化菌的数量至少为 Type II 甲烷氧化菌数量的 4 倍。而在水稻根系中 Type I 甲烷氧化菌的数量也明显高于 Type II 甲烷氧化菌数量，这些差异可能都与氧气浓度有关。同样地，在纯培养实验中，Type I 和 Type II 甲烷氧化菌的生长情况对于氧气浓度有不同的反馈。

　　本书首次利用 CARD-FISH 技术定位 Type I 好氧甲烷氧化菌在芦苇根、香蒲根、薹草根组织的分布特征。在芦苇根和香蒲根的维管束和通气组织周围有 Type I 甲烷氧化菌分布，在薹草根组织的表皮部位也有分布。

　　Armstrong 等发现在挺水植物中，如芦苇，根表皮的氧气浓度（2kPa）明显低于根中心（>12kPa）。Kits 等报道甲烷依赖的 Type I 好氧甲烷氧化菌纯菌 *Methylomonas denitrificans* FJG1 在低氧条件下（氧气浓度为 1.5%），可以同时进行甲烷氧化和反硝化过程。

　　因此，本书中的分布特征为 Type I 好氧甲烷氧化菌同时调节甲烷氧化和反硝化提供了生理的可能性，Type I 好氧甲烷氧化菌群的反硝化和甲烷氧化过程可能同时发生在根表而不是根中心。然而，在芦苇根、香蒲根、薹草根根系的生存条件下，Type I 好氧甲烷氧化菌有无脱氮活性还需要验证。今后将从湿地植物中分离 Methylomonas、Methylobacter 和 Methylovulum，对其生化活性进行培养实验。

　　在芦苇根和香蒲根组织的维管束内，在芦苇根组织的通气组织的周围，在薹草根组织的表皮细胞中观察到了 Type I 甲烷氧化菌的信号（见图5-24）。

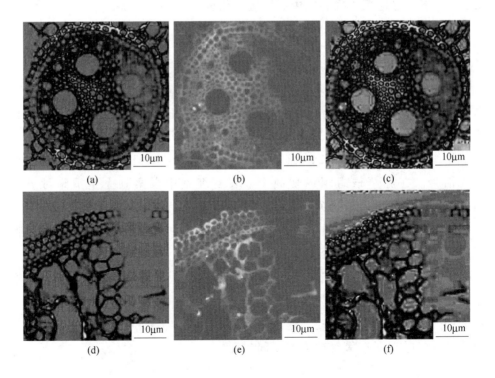

(a)　　　　　　　　(b)　　　　　　　　(c)

(d)　　　　　　　　(e)　　　　　　　　(f)

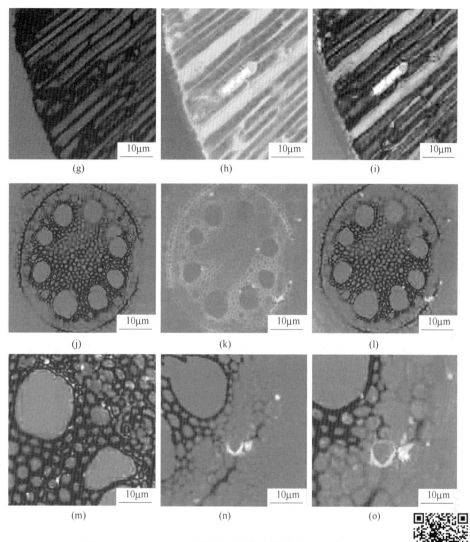

图 5-24 CARD-FISH 检测三种湿地植物根组织中 Type I
甲烷氧化菌（激光共聚焦显微镜）

图 5-24 彩图

（a）~（c）芦苇根的中柱横切面；（d）~（f）芦苇根的通气组织的横切面；

（g）~（i）藨草根的纵切面；（j）~（o）香蒲根的中柱横切面；

（a）~（i）40×；（j）~（l）20×；（m）~（n）63×；（o）100×；

（（a）（d）（g）（j）根细胞壁的自荧光（蓝色）；（b）（e）（h）（k）探针 Mγ705+Mγ84 的
Alexa Fluor 488 信号（绿色）；（c）（f）（i）（l）（m）（n）（o）蓝光和绿光的融合）

6 根圈和沉积物中的脱氮功能菌群

6.1 根圈 N_2O 还原菌群

植物根关联的 Type I 好氧甲烷氧化菌具有脱氮基因潜力，这不仅扩展了 Type I 甲烷氧化菌的代谢谱范围，也暗示它们在湿地系统中温室气体甲烷的减排和氮素的去除方面具有双重的功能。但是 Kits 等（2015）发现 Type I 甲烷氧化菌 *Methylomonas denitrificans* FJG1 和 *Methylomicrobium album strain* BG8 在低氧条件下，具有脱氮活性，产物为 N_2O，表现为不完全脱氮；Oswald 等通过基因组分析，发现在分层的湖水中新奇的 Type I 甲烷氧化菌泉发菌属 Crenothrix 具有 *nirK* 基因，也有脱氮活性，产物也为 N_2O，不完全脱氮；Padilla 等通过组学技术，在海洋厌氧微区中发现很多 Type I 甲烷氧化菌属表现出了不完全脱氮的转录活性；Liu 等发现在污水处理系统中，甲基营养型的反硝化菌群（隶属于嗜甲基菌科 Methylophilaceae）通过利用 Type I 甲烷氧化菌代谢的中间产物，如甲醇、甲酸、柠檬酸盐和乙酸盐等，形成共存体，将有机质和氮素去除，但是也是不完全脱氮，有 N_2O、NO 等新的温室气体释放。

由于过量氮（N）和磷（P）的大量输入，全球湿地一直在遭受富营养化问题的困扰，特别是由于自清洁能力差，浅水型湿地（平均水深度小于 3m）更容易富营养化。尽管湿地只占地球陆地表面的 8%，但湿地储存了约 20%~30% 的陆地土壤碳（C）。微生物降解如此多已经封存的碳和氮会导致全球温室气体（GHG）的排放，包括甲烷（CH_4）和二氧化碳（CO_2），以及一氧化二氮（N_2O）。最近的研究报道，富营养化减少了湖泊湿地 CO_2 的排放，但增加了 CH_4 和 N_2O 的排放。其中 N_2O 是一种强效温室气体，其温室效应是 CO_2 的 298 倍，大气寿命约为（116±9）年，是主要的臭氧消耗物质。在低氧或缺氧时，湿地土壤中微生物过程是 N$_2$O 的最大来源之一，主要包括不完全（经典）反硝化过程、硝化反硝化过程、厌氧铵氧化过程、异化硝酸盐还原成铵的过程。而 nosZ 基因编码的一氧化二氮还原酶，在缺氧条件下也能催化 N$_2$O 还原为 N$_2$，是生物圈中唯一已知的 N$_2$O 汇。nosZ 基因在系统发育上有两个截然不同的分支：典型的 nosZ 基因（也叫 nosZ Ⅰ）和非典型的 nosZ 基因（也叫 nosZ Ⅱ）。因此，nosZ 基因已被用作反硝化菌消耗 N$_2$O 和从湿地系统中完全去除氮的遗传潜力的指标。

目前，随着水体富营养化导致湖泊缺氧的全球蔓延，水生大型植物（包括挺水植物、沉水植物等）通过吸收氮、磷和其他营养物质在改善水质方面发挥着重要作用，同时给富营养化湖泊中释放大量氧气。芦苇、香蒲和蔗草是三种常见的大型挺水植物，分布于世界各地，它们的通气组织不仅能让 O$_2$ 进入沉积物，还能促进 N$_2$O 等温室气体扩散到大气中，因此它们调节湿地向大气排放 N$_2$O。有研究发现，从水稻根、芦苇根和香蒲根到根际再到沉积物的径向氧损失（ROL）将增加厌氧微生物的数量及其活动，包括反硝化菌和产甲烷菌。此外，除了 O$_2$，植被型湿地区域中微生物 N$_2$O 的还原活性（这里指一氧化二氮还原酶 Nos 的活性）似乎对其他主要的非生物和生物调节因子更敏感，包括 NH$_4^+$/O 比、C/N 比、pH 值、盐度、植物种类、植物生长阶段；同时发现一氧化二氮还原酶（Nitrous oxide reductase，Nos）要比反硝化途径的其他酶，例如硝酸盐还原酶（Nitriate reductase，Nar）、亚硝酸盐还原酶（Nitrite reductase，Nir）、一氧化氮还原酶（Nitric oxide reductase，Nor），对环境因子更敏感。为了更好地了解根际微生物群落的组成和多样性以及植物-微生物的相互作用可能是更好地理解植被型湿地 N$_2$O 通量变化的关键。因此，评价湿地土壤中挺水植物根系相关的 nosZ 型完全反硝化菌群落及其活性具有重要意义。

乌梁素海是中国北方半干旱区浅层富营养化湖泊，也是地球上同海拔最大的淡水湿地。湖泊总面积的 55% 以上被大型挺水植物覆盖，主要是芦苇、香蒲（窄叶香蒲）、蔗草，它们主要生长在作为 N$_2$O 排放"热点"的湖滨带。此外，大型沉水植物占湖泊表面积的近 15%，以 Potamogeton、*Myriophyllum spicatum* 和 *Potamogeton crispus* 为主。值得注意的是，世界上大多数浅层富营养化湖泊中大型水生植物缺失或者以浮游植物为主，乌梁素海表现出了一定的独特性。当然其他浅层富营养化湖泊中 N_2O 的减少和/或排放也受到了关注，但在盐碱条件和密集的大型植物覆盖下的乌梁素海湖中 N_2O 减少的特征应该不同。因此，本书中采用免培养法（乙烯抑制、qPCR、克隆文库构建）和培养法（平板分离、纯化菌种）相结合的实验技术，研究了三种挺水植物根区（根系和根际沉积物）以及无植物生长的沉积物中 *nosZ* 型反硝化细菌的活性、丰度和多样性。在本书中做了如下分析。

（1）比较了芦苇根际沉积物和无植被沉积物的潜在 N_2O 生产速率、总潜在反硝化速率和反硝化终产物 $N_2O/(N_2+N_2O)$ 比值。

（2）*nosZ* 型反硝化菌的丰度和多样性。

（3）研究分离的 *nosZ* 型反硝化菌株的 N_2O 还原活性。研究结果对于了解挺水植物根系相关的 *nosZ* 型反硝化菌对湿地 N_2O 排放量的影响具有重要意义。

6.1.1 研究方案

6.1.1.1 研究材料

乌梁素海湖滨湿地芦苇、香蒲、蔗草三种湿地植物根圈和沉积物样品，同前文。

6.1.1.2 DNA 抽提方法

详见第 3 章，且与第 4 章中用的是同样的宏基因组 DNA。

6.1.1.3 目的基因扩增与纯化

对三种植物根圈和沉积物样品的反硝化菌群的功能基因 *nosZ* 片段进行 PCR 扩增。在本研究中，采用已报道的 *nosZ* Ⅱ引物（nosZ-Ⅱ-f：CTI GGI CCI YTK CAY AC；nosZ-Ⅱ-r：GCI GAR CAR AAI TCB GTR C）没有扩增到 *nosZ* Ⅱ反硝化菌，这是因为本研究区域 N_2O 还原菌不具有 *nosZ* Ⅱ基因，或者它存在于植物根区和沉积物的检测水平以下，也与该引物的低覆盖率有关。采用 *nosZ* Ⅰ引物，*nosZ* 2F/*nosZ* 2R 进行了研究。引物由上海生工（Sangon，Shanghai，China）合成。引物信息，PCR 扩增条件具体见表 6-1。PCR 反应体系，后续 PCR 产物的纯化回收等同前文。

表 6-1　nosZ I 基因 PCR 扩增引物及反应条件

目标基因	基因名称	引物序列 (5'-3')	扩增子长度 (bp)	普通 PCR 条件	定 PCR 条件
nosZ I 基因	*nosZ* 2F	CGC RAC GGC AAS AAG GTS MSS GT	250	94℃，2min 10s；35 × (94℃，30s；60℃，45s；72℃，2min 10s)；最后在 72℃ 延长 6min	95℃，2min；35× (95℃，15s；60℃，20s；72℃，26s 读板)；熔解曲线 62.5 ~ 95.0℃，增量 0.5℃，每隔 5s 读板 1 次
	nosZ 2R	CAK RTG CAK SGC RTG GCA GAA			

　　为了获得末端完全脱氮菌 *nosZ* I 的基因片段，采用表 6-1 中 *nosZ* 2F/*nosZ* 2R 引物进行 PCR 扩增，扩增条带与 maker 对比，条带大小为 250bp 左右，正确，是特异性扩增，如图 6-1 所示，可进行后续克隆文库的构建。

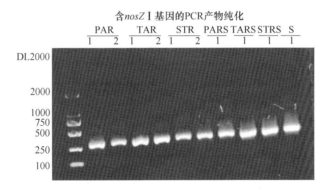

图 6-1　各样品中 *nosZ* 基因片段的 PCR 产物胶回收电泳图

6.1.1.4　克隆文库构建方法和测序数据分析

　　克隆文库构建见第 5 章。使用 Mothur 软件在 95% 氨基酸相同的情况下将测序后的有效序列聚类为操作分类单元（OTUs）。多样性指数（如覆盖率、Chao1、ACE、Shannon 和 Simpson 指数）由 mother 获得。用 MEGA 软件进行系统发育分析，采用邻居连接法构建系统发育树，详见第 5 章。基于 *nosZ* 基因获得有效序列 337 条，并提交至 NCBI 数据库，获得基因登录号：MG373168 ~ MG373302（根）；MG373303 ~ MG373416（根际沉积物）；MG373417 ~ MG373504（无植被区沉积物）。

6.1.1.5 潜在反硝化速率测定

采用乙炔（C_2H_2）抑制法测定沉积物潜在 N_2O 生成速率（Potential N_2O production rate，pN_2O）和总反硝化速率（Total denitrification rate，DNR）。C_2H_2 气体为 10Pa 时，可以抑制硝化作用，而当 C_2H_2 气体提高到 10kPa 可以同时抑制硝化作用和对 N_2O 还原的反硝化作用。为了防止微生物对 N_2O 的消耗，本书中使用 20% 的 C_2H_2（体积比）的添加量。将 30mL 经 0.22μm 聚碳酸酯过滤器过滤灭菌的原位水加入 125mL 含有 10g 新鲜沉积物（湿重）的血清瓶中。血清瓶用丁基橡胶塞子和铝卷封密封。每个瓶子用 N_2 清洗 15min 以去除 O_2。设置加入和不加入乙炔（20%，体积比）的孵育实验组进行平行运行。所有样品在 30℃、170r/min 条件下，在黑暗中孵育 5h。

无乙炔血清瓶中产生的 N_2O 表征 pN_2O，认为只产生了 N_2O。添加乙炔的血清瓶中 N_2O 的产生表征了 DNR，其表达为 N_2+N_2O。根据 pN_2O/DNR 计算的 $N_2O/(N_2+N_2O)$ 比值，用来表示反硝化最终产物 N_2O 的产生比例，这也表示在无 C_2H_2 添加和有 C_2H_2 添加期间受试沉积物潜在的净 N_2O 排放量。

为了进一步验证沉积物的 N_2O 还原活性，本研究进行了 N_2O 饲养实验，将 N_2O 作为反硝化微生物氮代谢的电子受体。N_2O 气体加入量分别为 1%，2%，6%，10%（体积比），并且在厌氧和无乙炔条件下进行孵化实验。最后，收集 N_2O 气体，采用气相色谱法（Shimadzu 气相色谱仪 GC2030）分析 N_2O 浓度。

6.1.1.6 *nosZ* Ⅰ 基因的定量 PCR

（1）质粒制备。*nosZ* 基因实时荧光定量 PCR 所需的质粒提取结果如图 6-2 和表 6-2 所示，目的条带特异，清晰，质粒的浓度为 84.5ng/μL，初始拷贝数为 $2.36×10^{10}$ copies/μL，10 倍 7 个梯度稀释后进行标准曲线的绘制。

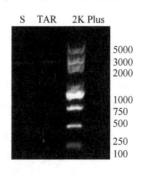

图 6-2 包含 *nosZ* 基因的质粒 DNA 提取结果电泳图

表 6-2　包含 *nosZ* 基因的质粒 DNA 产量、纯度及初始拷贝数

质粒名称	浓度/ng·μL^{-1}	A260/A280	A260/A230	初始拷贝数/copies·μL^{-1}
nosZ	84.5	2.086	2.224	2.36×10^{10}

（2）标准曲线绘制。经过多次实验，*nosZ* Ⅰ基因定量 PCR 扩增效率为 91.4%~95.9%；R^2 值的范围为 0.994~0.998；熔解曲线显示为单峰（见图 6-3）。

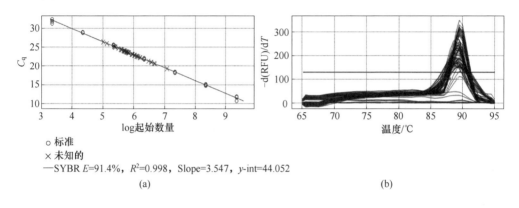

○ 标准
× 未知的
—SYBR *E*=91.4%，R^2=0.998，Slope=3.547，*y*-int=44.052

(a)　　　　　　　　　　　　　　　(b)

图 6-3　*nosZ* Ⅰ基因定量 PCR 标准曲线(a)和熔解峰图(b)

6.1.1.7　*nosZ* Ⅰ型反硝化菌的分离及反硝化活性测定

采用反硝化培养基（DM）进行细菌分离，每升蒸馏水含琥珀酸钠 3.37g、NaCl 50g、KCl 1g、MgSO$_4$·7H$_2$O 0.5g；pH 值为 8.5。总共将 5g 沉淀物（鲜重）悬浮在 50mL 蒸馏水中，然后在固体 DM 上采用标准稀释平板涂布法进行反硝化菌株的分离。在 30℃有氧条件下孵育 5 天。菌落从固体 DM 板中提取，分离株的形态和特征进行检测。DNA 提取及目的基因 PCR 扩增验证分离菌株的系统发育关系及是否包含 *nosZ* Ⅰ基因。对 16S rRNA（27F/1492R）和 *nosZ* Ⅰ（nosZ 2F/nosZ 2R）基因扩增子进行 Sanger 测序。

对选定的菌株，还测定了其 N$_2$O 还原速率。首先，细胞在 DNB-S 液体培养基（添加琥珀酸盐的 100 倍稀释营养肉汤培养基）中生长，直到对数生长期。然后接种于 120mL 含 50mL、1/100NB（牛肉提取物 5g，蛋白胨 10g，氯化钠 10%，氯化钾 5g，MgSO$_4$·7H$_2$O 2.5g；pH=8.5）含 1% N$_2$O，充入氮气去除 O$_2$，形成缺氧环境。其中，琥珀酸盐作为电子供体，N$_2$O 作为电子受体。在 3h、6h、9h、12h、18h、24h、48h、65h、84h 用气相色谱法

（岛津气相色谱仪 GC2030）测定血清瓶中 N_2O 的浓度，同时用分光光度计测定培养基液体的 OD600 值。

6.1.2 潜在 N_2O 生产速率、潜在反硝化速率和 N_2O 还原活性

分别进行了芦苇根际沉积物和无植被沉积物之间的潜在 NO 生产速率（pN_2O）和总潜在反硝化速率（DNR）的测定。芦苇根际沉积物中 pN_2O 的含量为 178.60nmol（N_2O-N）/（g·ww·h），明显高于无植被沉积物（75.50nmol（N_2O-N）/（g·ww·h）（$P<0.05$）（见图 6-4（a））。与 pN_2O 不同，无植被沉积物的平均 DNR 为 879.85nmol（N_2O-N）/（g·ww·h），比芦苇根际沉积物（214.19nmol（N_2O-N）/（g·ww·h）高约 5 倍（$P<0.05$）（见图 6-4（a））。与 pN_2O 类似，芦苇根际沉积物的反硝化终产物比值（N_2O/（N_2+N_2O）= 0.83）比无植被沉积物（0.09）高近 9 倍（见图 6-4（a））。经皮尔逊分析，pN_2O 与 DNR 呈负相关（$r=-0.972$，$P<0.01$），而与 N_2O/（N_2+N_2O）比值（$r=0.976$，$P<0.01$）呈正相关（见表 6-3）。潜在 N_2O 生产速率、潜在反硝化速率及反硝化最终产物 N_2O 的产生比例与环境因子 pH，NH_4^+-N，NO_2^--N 有显著相关关系，而与 TOC、TN、C/N 比，NO_3^--N 相关性不显著（见表 6-3）。芦苇根际沉积物和无植被沉积物的 N_2O 还原活

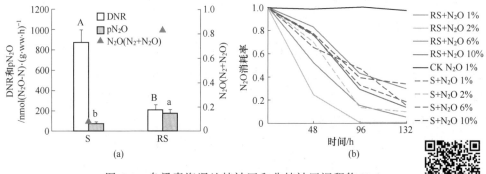

图 6-4 乌梁素海湿地植被区和非植被区沉积物 N_2O

潜在产量（a）和 N_2O 额外消耗率（b）

图 6-4 彩图

（pN_2O 为无 C_2H_2 添加时 N_2O 的潜在产量；DNR 为 C_2H_2 抑制时，总潜在反硝化速率；

DNR 为含 N 气体的产量（N_2+N_2O 产量）；N_2O/（N_2+N_2O）比值，由 pN_2O/DNR

计算（$n=3$）。S 代表无植被沉积物；RS 代表芦苇根际沉积物。不同大写字母

表示 S 与 RS 之间的 DNR 的差异显著（$P<0.05$）；不同小写字母表示 S 与 RS

之间的 pN_2O 的差异显著（$P<0.05$））

性实验结果显示，在所有实验中都消耗了超过 60% 的 N_2O 气体，尤其是在 N_2O 1%（体积比）和 2%（体积比）添加量时，消耗量更高（见图 6-4（b））。本结果表明，两种沉积物都具有较高的 N_2O 还原活性。

表 6-3 微生物活性、沉积物性质和微生物群落之间的相关性分析

项 目	指 标	pN_2O	DNR	$N_2O/(N_2+N_2O)$ 比值
微生物活性	pN_2O	—	-0.972 **	0.976 **
	DNR	-0.972 **	—	-0.953 **
	$N_2O/(N_2+N_2O)$ 比值	0.976 **	-0.953 **	—
沉积物性质	pH	0.974 **	-0.984 **	0.923 **
	TOC	0.371	-0.513	0.466
	TN	-0.518	0.605	-0.395
	C/N	0.497	-0.637	0.475
	TP	0.734	-0.821 *	0.681
	NH_4^+-N	-0.963 **	0.987 **	-0.938 **
	NO_3^--N	-0.747	0.662	-0.795
	NO_2^--N	-0.909 **	0.953 **	-0.873 *
功能基因丰度	$nosZ$ I（拷贝 g^{-1}）	-0.931 **	0.927 **	-0.918 **
功能基因多样性	$nosZ$ I 香农指数	-0.969 **	0.975 **	-0.947 **

注：1. pN_2O，无 C_2H_2 添加的潜在 N_2O 生成量；DNR，总潜在反硝化速率；$N_2O/(N_2+N_2O)$ 比值，根据 pN_2O/DNR 计算。

2. * 为相关性在 0.05 水平上显著（双尾检验）；** 为相关性在 0.01 水平上显著（双尾检验）。

6.1.3 *nosZ* I 型反硝化菌丰度

为了估算 $nosZ$ I 型反硝化菌在根区和沉积物中的种群大小，我们对 PA、TA 和 ST 的根和根际沉积物以及无植被区沉积物样本进行了 qPCR 分析。三种植物根中 $nosZ$ I 基因每克干根之间的拷贝数在 $2.17 \times 10^8 \sim 3.66 \times 10^8$，其在三种植物根系之间没有显著差异（见图 6-5（a））。而 $nosZ$ I 基因在无植被沉积物中的拷贝数（34.8×10^8 拷贝，每克干土）明显高于三种植物根际沉积物（$2.19 \times 10^8 \sim 12.1 \times 10^8$ 拷贝·每克干土）（$P<0.05$）（见图 6-5（b））。

此外，蔗草根际沉积物（STRS）中 *nosZ* Ⅰ基因丰度高于芦苇根际沉积物（PARS）（$P<0.05$）。香蒲根际沉积物（TARS）与 PARS 或 STRS 的差异不显著（见图6-5（b））。Pearson 分析结果表明，有芦苇覆盖，*nosZ* Ⅰ反硝化菌丰度与 DNR 呈显著正相关（$r=0.927$，$P<0.01$）；*nosZ* Ⅰ反硝化菌丰度与 pN_2O（$r=-0.931$，$P<0.01$）和 $N_2O/(N_2+N_2O)$ 比值（$r=0.947$，$P<0.01$）呈极显著负相关。

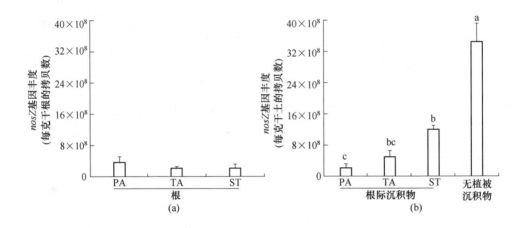

图6-5 植物根系、根际沉积物和无植被沉积物中 *nosZ* Ⅰ基因的拷贝数

（柱状图表示平均标准误差（$n=3$）。不同小写字母表示组间差异显著（$P<0.05$）。

PA 为芦苇；TA 为香蒲；ST 为蔗草）

6.1.4 基于 *nosZ* Ⅰ基因的克隆文库多样性

乌梁素海不同植物根圈及沉积物7个样本随机挑取400个阳性克隆子进行测序，共获得337条有效序列，在95%的相似水平上划分为63个 OTUs（见表6-4）。稀疏曲线（见图6-6）和覆盖度（Coverage）显示测序深度不够，表明乌梁素海不同植物根圈及沉积物还蕴藏着大量潜在的 *nosZ* 型反硝化菌。Shannon 和 Simpson 指数分析表明：对于根系，香蒲（TA）反硝化菌群的多样性高于芦苇（PA）和蔗草（ST）；对于根际沉积物，芦苇反硝化菌群的多样性高于香蒲和蔗草。有趣的是无植被区（非根圈）沉积物反硝化菌群多样性＞香蒲根系＞芦苇根际沉积物＞芦苇与蔗草根系＞香蒲和蔗草根际沉积物（见表6-4）。总体上，乌梁素海不同植物根圈及非根圈 *nosZ* 反硝化菌群具有丰富的多样性，表现出根圈与非根圈以及根系与根际沉积物间生境异质性。这些结果表明，反硝化菌的多样性表现出较大的生境异质性。Pearson 分析结果显示，有芦苇覆盖，$nosZ$ Ⅰ 反硝化菌多样性与 DNR（$r=0.975$，$P<0.01$）呈显著正相关；与 pN$_2$O（$r=-0.969$，$P<0.01$）和 N$_2$O/（N$_2$+N$_2$O）（$r=-0.918$，$P<0.01$）呈极显著负相关（见表 6-3）。

表 6-4　各样点克隆文库多样性指数（cutoff 为 0.05）

样品	克隆数	有效序列	OTUs	香浓指数	辛普森指数	总盖度/%
PAR	50	43	18	2.09	0.2403	67.44
PARS	50	47	15	2.27	0.1277	85.11
TAR	50	46	22	2.71	0.0841	69.57
TARS	50	27	12	1.81	0.2678	62.96
STR	50	46	19	2.16	0.2300	71.74
STRS	50	40	14	1.64	0.3615	70.00
无植被沉积物	100	88	32	2.98	0.0671	79.55
Total	400	337	63	—	—	—

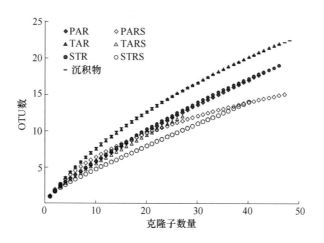

图 6-6　nosZ 基因序列的稀疏曲线

反硝化菌群的非加权组平均法（Unweighted pair-group method with arithmetic means，UPGMA）的层级聚类结果显示，样品无植被区沉积物、香蒲根系、芦苇根际沉积物聚为一类，芦苇与蓑草根系、香蒲和蓑草根际沉积物聚为一类（见图6-7（a））。结合主成分分析结果显示，微生境（植物根际和根际沉积物）的群落结构呈聚类分布，而根区（根系和根际沉积物）和无植被沉积物之间存在明显的分离（见图6-7（b））。这些结果表明，在该湿地中大型挺水植物的存在对 *nosZ* Ⅰ型反硝化细菌群落结构的形成起着重要作用。

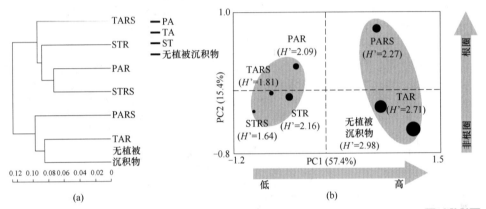

图 6-7　基于 *nosZ* Ⅰ基因克隆文库数据在 OTU 水平上层级
聚类(a)和 PCA 分析(b)反硝化菌群落组成

（图(b)中灰色圈的大小代表了香农威纳指数的大小，并用(*H*' =)
来表示。PA 为芦苇；TA 为香蒲；ST 为蓑草）

图 6-7 彩图

6.1.5　*nosZ* Ⅰ型反硝化菌系统发育分析及群落结构

基于 *nosZ* Ⅰ基因的反硝化菌群系统发育分析表明，乌梁素海不同植物根圈及无植被区沉积物反硝化菌群 63 个 OTUs 隶属于 proteobacteria（变形菌门）的 α-proteobacteria、β-proteobacteria、γ-proteobacteria 及 others 四大类群（见图6-8和图6-9）。其中，β-proteobacteria 是香蒲根系（TAR）、芦苇根际沉积物（PARS）、无植被区沉积物（S）中的优势反硝化菌，相对丰度范围为 44.68%~53.39%；而 γ-proteobacteria 是芦苇根系（PAR）、香蒲根际沉积物（TARS）、蓑草根系（STR）、蓑草根际沉积物（STRS）中的优势反硝化菌，相对丰度范围为 31.81%~70.39%。这些结果表现出了 *nosZ* Ⅰ型脱氮微生物在微生境之间存在差异性。

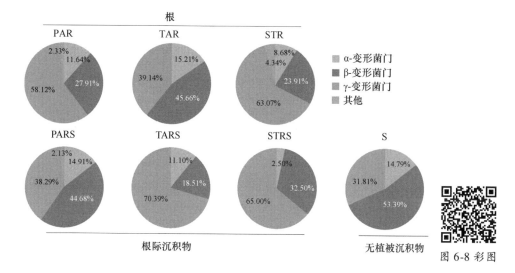

图 6-8 *nosZ* I 型反硝化菌门水平的组成

进一步将克隆测序的有效序列与已知的参考序列进行聚类，如图 6-10 所示。63 个 OTUs 中有 14 个 OTUs（OTU10，15，18，21，24，26，40，50，55，56~61）划归为 Rhodobacteraceae（红杆菌科）；8 个 OTUs（OTU17，19，20，30，34，39，45，51）划归为 Rhizobiales（根瘤菌目）；6 个 OTUs（OTU1，6，9，16，41，49）划归为 Novel Halomonas（盐单胞菌属）；2 个 OTUs（OTU23，62）划归为 Pseudomona（假单胞菌属）；4 个 OTUs（OTU3，37，47，57）划归为 Comamonadaceae（丛毛单胞菌科）；9 个 OTUs（OTU5，11，22，27，28，42，48，52，54）划归为 Rhodocyclaceae（红环菌科），7 个 OTUs（OTU2，8，12，13，25，31，44）划归为 Hydrogenophaga（噬氢菌属），2 个 OTUs（OTU4，29）划归为 Thiobacillus（硫杆菌属）。这 8 大类反硝化菌群在乌梁素海不同植物根圈分布明显高于无植被区沉积物，在所有样品中累积相对丰度范围为 88.7%~97.9%，且 Novel Halomonas 最为优势（见图 6-9 和图 6-10）。

对以上 8 大类反硝化菌群进行汇总分析，8 大类群优势反硝化菌群在植物根圈和沉积物中的微生境分布如图 6-11 所示。

（1）Novel Halomonas 中 OTU1 最优势，所有样品中平均相对丰度为 36.5%，与已知的 *Halomonas* sp. PBN3（盐单胞菌）（序列号：WP023004203）序列相似性最高，相似度有点低，为 82%（见图 6-9），在系统发育树中也显

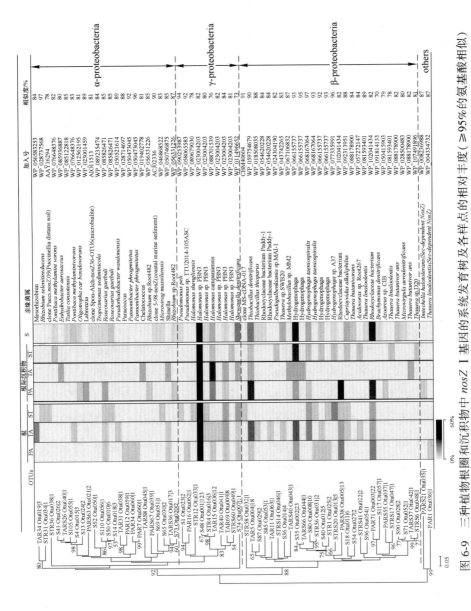

图 6-9 三种植物根圈和沉积物中 nosZ I 基因的系统发育树及各样点的相对丰度（≥95%的氨基酸相似）

（每个 OTU 在每个文库中的相对丰度以相对丰度以不同梯度颜色展示于热图中，白色（指 0%）到黑色（指 60%）；BLAST 比对的结果作为代表为\相似\相似序列；系统树采用邻接法，1000 次重复计算，选取 bootstrap 值≥50%的在系统树左边节点处显示）

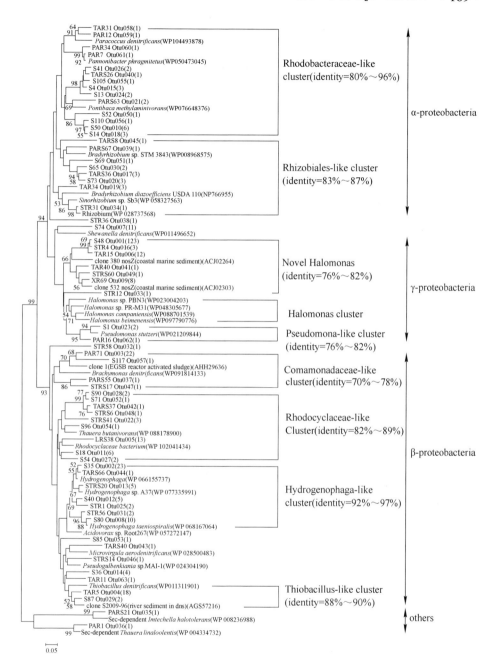

图 6-10 基于反硝化功能基因 *nosZ* Ⅰ 的系统发育树（95%氨基酸相似度）
（采用邻接法构建发育树，bootstrap 对进化树的可信度进行检验，1000 次重复，本图中选取
bootstrap 值≥50%的在左边节点处显示。每个 OTU 序列后面圆括号中的数字表示该 OTU
所代表的物种在各文库中序列数目。参考序列括号中序列号指在 GenBank 中的登录号）

类群	OTU 数目	优势 OTU	根			根际土壤			S	亲缘菌属	登录号	相似度/%
			PA	TA	ST	PA	TA	ST				
Rhodobacteraceae-like cluster	14	OTU10								*Roseovarius gaetbuli*	WP_085826471	85
Rhizobiales-like cluster	8	OTU17								*Rhizobium* sp. Root482	WP_056331226	85
Novel Halomonas cluster	6	OTU1								*Halomonas* sp. PBN3	WP_023004203	82
Pseudomona-like cluster	2	OTU23								*Pseudomonas peli*	WP_090253987	94
Comamonadaceae-like cluster	4	OTU3								*Brachymonas denitrificans*	WP_091814133	76
Rhodocyclaceae-like cluster	9	OTU5								*Rhodocyclaceae bacterium*	WP_102041434	82
Hydrogenophaga-like cluster	7	OTU2								Hydrogenophaga	WP_066155737	93
Thiobacillus-like cluster	2	OTU4								*Thiobacillus denitrificans*	WP_059754679	90

0%　　　　67%

图 6-11　8 类主要的反硝化菌群在各样点的分布（科/属水平）

（每类优势类群在每个文库中的相对丰度以不同梯度颜色展示于热图中，

白色（指 0%）到黑色（指 67%））

示与已知的 Halomonas cluster 分开（见图 6-10），单独聚类为一个新簇（Novel Halomonas cluster），可能是 *nosZ* 基因的一个新分支，其相对丰度在乌梁素海不同植物根圈和沉积物中范围为 23.9% ~ 66.7%，其中芦苇根系（53.5%）、香蒲根际沉积物（66.7%）、蘸草根际沉积物（65.0%）中分布相对较多，沉积物中分布最少（23.9%），这些结果暗示研究区域中蕴藏着大量潜在新的嗜盐反硝化微生物，后期可尝试分离新菌，从而进一步验证其完全脱氮性能。

（2）Hydrogenophaga 中 OTU2，最为优势，与 Hydrogenophaga（序列号：WP066155737）相似度为 93%，相对丰度范围为 6.4% ~ 18.2%，其中芦苇根际沉积物分布相对较少（6.4%），其他根圈生境中分布相对较多（7.4% ~ 18.2%）。

（3）Thiobacillus 中 OTU4 最为优势，与 *Thiobacillus denitrificans*（序列号：WP011311901）相似度为 90%，相对丰度范围为 0% ~ 10.9%，其中香蒲根系（10.9%）、芦苇根际沉积物（10.6%）中分布相对较多，蘸草根系中（0.0%）没有分布。

（4）Rhizobiales 中 OTU17 最为优势，与 *Rhizobium* sp. Root482（序列号：WP056331226）相似度为 85%，在不同植物根圈中的相对丰度范围为 0 ~ 8.7%，其中香蒲根系（8.7%）与香蒲根际沉积物（7.4%）中分布相对较多，蘸草根际沉积物（0.0%）中没有分布。

6.1.6　分离的 *nosZ* Ⅰ 型反硝化菌的 N₂O 还原活性

采用稀释涂布平板法，分离得到菌株，并通过 Sanger 法对 16S rRNA 和 *nosZ* Ⅰ 基因进行测序（见图 6-12）。基于 16S rRNA 基因，分离菌株与已知菌

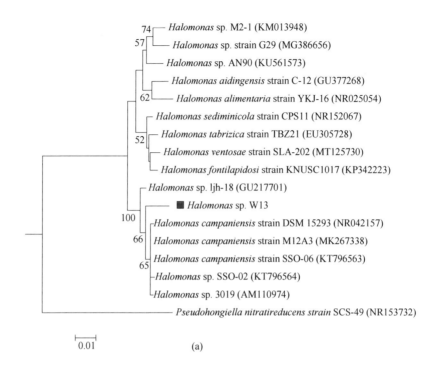

(a)

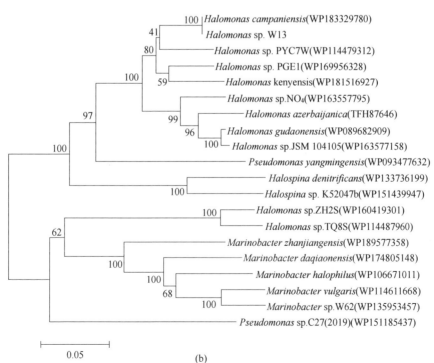

(b)

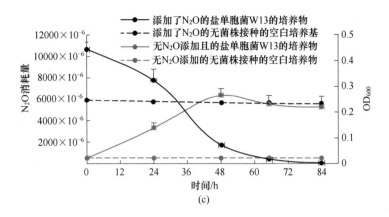

图 6-12　乌梁素海 *Halomonas* sp. W13 分离菌的系统发育树

（a）基于 16S rRNA 基因的系统发育树；（b）基于 *nosZ* Ⅰ 基因的系统发育树；

（c）N$_2$O 消耗活性和生长曲线

Halomonas sp. ljh-18（GU217701）的相似性为 98.99%（见图 6-12（a））；基于 nosZ Ⅰ 基因，与已知菌 *Halomonas canpaniensis*（WP183329780）相似度为 90.54%（见图 6-12（b）），分离菌株被命名为 *Halomons* sp. W13。对分离的 *Halomonas* sp. W13 进行生长测定，在 1% N$_2$O 气体（10628×10^{-6}）的厌氧条件下培养 84h 后，几乎所有的 N$_2$O 气体（99.5%）都被消耗掉了，显示出该分离菌株出色的 N$_2$O 还原能力（见图 6-12（c））。同时，随着气体 N$_2$O 的降低，*Halomonas* sp. W13 的生物量逐渐增加（见图 6-12（c））。

6.1.7　*nosZ* Ⅰ 型微生物驱动的反硝化

采用乙炔抑制，qPCR 测序分析和室内培养实验，研究了挺水植物根系相关 *nosZ* Ⅰ 型反硝化菌对湿地潜在 N$_2$O 排放的影响。挺水植物作为自然湿地的重要组成部分，对温室气体排放有着至关重要的影响。

在本书中，与无植被区沉积物相比，芦苇区的沉积物具有更高的 pN$_2$O 和反硝化最终产物比（N$_2$O/（N$_2$+N$_2$O）），但 DNR 较低（见图 6-4（a））。这些结果表明，植被区沉积物释放的潜在 N$_2$O 的比例远高于无植被沉积物。同样地，García-Lledó 等（2011）报道了人工湿地植被区沉积物中 N$_2$O 排放的潜力更高；Rückauf 等（2004）也报道在微观实验中，芦苇种植处理的土壤的 N$_2$O 排放比未种植芦苇处理的土壤高出约 2 倍。较高的潜在 N$_2$O 排放可能是由于芦苇的通气组织较好，而芦苇的通气组织与香蒲、薰草的通气组织差异较大。由于根系向沉积物中释放氧气，即使在高度厌氧的沉积物中，这种小的氧分压也会迅速抑制根际 N_2O 还原酶的产生，这可能是芦苇区沉积物中 N_2O 排放增强的原因之一。有报道称，与非根际土壤相比，植物根系分泌的低分子碳化合物及根系呼吸作用，以及随后对碳利用效率的调节，导致根际中更高的潜在 N_2O 产生。

尽管 *nosZ* 基因不能直接表征环境中的 N_2O 通量，但它是净 N_2O 排放的有效预测因子。本书的 qPCR 结果显示，*nosZ* I 基因在所有样品中的拷贝数较高（$2.2 \times 10^8 \sim 34.5 \times 10^8$ 拷贝·每克干土），*nosZ* I 基因的高拷贝对于 N_2O 的还原具有重要意义（见图 6-5）。事实上，在本书的 N_2O 喂养实验中，乌梁素海湿地沉积物消耗了大量 N_2O 气体（见图 6-4（b））。在以往不同环境中比较 *nir* 和 *nosZ* 基因丰度的研究中观察到二者具有更大的差异，其中 *nir* 基因的拷贝数可以超过 *nosZ* 基因的拷贝数，最多可达 $1 \sim 2$ 个数量级。然而，我们之前的研究表明，编码 N_2O 产生酶的 *nirS* 基因（$0.1 \times 10^8 \sim 1.7 \times 10^8$ 拷贝·每克干土）的丰度大大低于 *nosZ* 基因（$2.2 \times 10^8 \sim 34.5 \times 10^8$ 拷贝·每克干土）。这可能是由于 N_2O 还原酶对 O_2、盐度和 NO_3^- 含量比其他反硝化途径的酶更敏感，如亚硝酸盐还原酶（Nitrite reductase，Nir）。而 NO_3^- 含量的增加会导致 N_2O 排放量的增加，因为对于反硝化菌而言，NO_3^- 是比 N_2O 更首选的氮代谢的电子受体。因此，N、P 养分是产生 N_2O 不可忽视的因素。此外，随着根际沉积物中 *nosZ* I 丰度下降，$N_2O/(N_2+N_2O)$ 比值增加（见图 6-4（a）和图 6-5（b）），在白洋淀沿岸地区的陆地区域和北美季节性湿地土壤中也报道了类似的结果。在本书中，*nosZ* I 型反硝化菌在无植被区沉积物中的丰度和多样性高于根际沉积物（见图 6-5（b）和图 6-7（b）），与潜在的反硝化活性结果一致（见图 6-4（a）），这种差异更可能与溶解氧有关。富营养化湖泊沉积物的溶解氧一般较低。微好氧和厌氧条件有利于反硝化过程，而挺水植物的通气组织在根和根际创造了好氧微生境条件。此外，有研究表明，在受控培养条件下，两种土壤中不同的反硝化速率和 $N_2O/(N_2+N_2O)$ 比是由反硝化菌群落组成造成的。在整个细菌群落中，具有编码 N_2O 还原酶的 *nosZ* 基因的细菌的相对丰度是 $N_2O/(N_2+N_2O)$ 比值的一个强有力的预测因子，这为细菌群落组成和 N_2O 通量之间的关系提供了证据。

根际沉积物中 *nosZ* I 型反硝化菌的群落结构与无植被区沉积物不同（见图 6-7（b））。在人工湿地中也发现了类似的结果。先前的研究报道，植物根系分泌物决定了根际群落（根际群落）附近或表面和根内（内生群落）的微生物。其中，根源碳作为一种重要的根系分泌物，对根际群落组成施加了选择性压力。总体上，在本书中 γ-proteobacteria 和 β-proteobacteria 占主导地位（见图 6-9 和图 6-10），这与 Henry 等（2006）在黏土沼泽湿地中只有 α-proteobacteria 占主导地位的结果不一致。这可能与沙质土和壤土中根系分泌物对微生物群落形成的影响大于黏土有关，而本书研究的乌梁素海的土壤质地为砂质壤土（见表 3-2）。根沉积为微生物提供碳源，作为电子供体，改变微生物群落结构，促进反硝化过程。研究表明，认为添加根系分泌物对 nirS 型和 nosZ Ⅰ 型反硝化菌群的影响强于 nirK 型和 nosZ Ⅱ 型反硝化菌群。此外，植物可以通过根源碳选择性地刺激根-土壤界面中丰度较高的 nosZ Ⅰ 反硝化菌，而 nosZ Ⅱ 型反硝化菌更倾向栖息于非根际土壤中。本书中 nosZ Ⅰ 型反硝化菌的群落结构在根系微生境中存在一定差异（见图 6-7（b））。植物类型可以影响根际微生物群落结构，进而也可能影响酶 N_2O 的排放潜力。因此，nosZ 型反硝化菌群落结构因生境类型和环境条件而变化。Jones 等（2013）强调 nosZ 型反硝化菌的群落组成和活性可能是不同生态系统 N_2O 通量的关键因素。

进一步在目/属水平上分析，新的盐单胞菌属 Novel Halomonas（盐单胞菌科 Halomonadaceae，γ-变形菌门 Gammaproteobacteria），噬氢菌属 Hydrogenophaga（伯克霍尔德氏菌目 Burkholderiales，β-变形菌门 Betaproteobacteria）和硫杆菌属 Thiobacillus（亚硝化单胞菌目 Nitrosomonadales，β-变形菌门 Betaproteobacteria）构成主要的反硝化菌（见图 6-9 和图 6-10）；其中根区以 novel Halomonas 为主，而这 3 个簇在无植被沉积物中均较为常见（见图 6-11）。同样地，Wu 等（2019）报道，水稻根系分泌物可以刺激反硝化菌的生长和繁殖，但在生长旺盛期却抑制某些根际反硝化菌的活性。不同的是，草螺菌属 Herbaspirillum（伯克霍尔德氏菌目 Burkholderiales，β-变形菌门 Betaproteobacteria）可能是水稻土壤中重要的 N_2O 还原菌，而固氮螺菌属 Azospirillum（红螺菌科 Rhodospirillaceae，α-变形菌门 Alphaproteobacteria）是富营养化白洋淀湖沉积物中的关键的 N_2O 还原菌。虽然整体上沉积物多样性较高，但是三种优势的反硝化微生物在三种植物根圈相对丰度较高，再次表明湿地植物根圈微生物在脱氮中的重要性。此外，没有检测到好氧甲烷氧化菌，说明好氧甲烷氧化菌不参与完全脱氮过程。Jones 等的研究显示基于 *nosZ* 基因的系统发育与基于 16S rRNA 基因的系统发育关系是一致的，基因水平转移可能发生在相近的、有关联的微生物之间，从而其他类群的微生物也具有了反硝化功能。Shapovalova 等在苏打湖中发现极端耐盐嗜碱 Halomonas 属的细菌具有反硝化作用；2013 年发现一株具有 nosZ 基因的 *Halomonas campisalis* ha3 可以耐受高达 2% 的盐度。有报道称，当盐含量超过 2% 时，硝化和反硝化的生物活性将受到极大抑制。乌梁素海盐单胞菌的优势可能是高盐度和高碱性的结果，但新发现的 Halomonas 与已知的 Halomonas 相似度仅为 82%。Park 等在生物膜反应器中利用 DGGE 发现 Hydrogenophaga 新型的反硝化菌，可以利用氢作为电子供体还原硝酸盐；于景丽等在锡林河湿地中利用 16S rRNA 高通量测序发现 Rhizobium、Hydrogenophaga 和 Thiobacillus 是优势反硝化菌群，其中 Hydrogenophaga 与 TN、TP 含量呈正相关。本书环境基质营养含量较高，可能也是 Hydrogenophaga 成为优势菌的原因。总体而言，关于 Halomonas、Hydrogenophaga 和 Thiobacillus 成为优势的反硝化菌的报道比较少。

然而，*nosZ* 基因的存在并不意味着该酶具有活性。Wang 等也报道，仅靠基因丰度不足以评估河岸带硝酸盐还原菌的活性，因此需要进一步测定分离菌的 N_2O 还原能力。从乌梁素海沉积物中分离出的 *Halomons* sp. W13 具有较高的还原 N_2O 的能力。我们认为 Halomonas 在乌梁素海湿地中对 N_2O 的还原起着关键作用。

总体而言，湿地中生长挺水植物可能会增加潜在的 N_2O 排放，但芦苇等挺水植物氮吸收潜力较好，这可能会影响微生物硝酸盐周转。因此，合理控制挺水植物面积有助于减少温室气体排放和湿地系统氮去除。根圈 *nosZ* 型微生物驱动的反硝化作用可能具有富营养化水体脱氮和氧化亚氮（N_2O）减排双重环境功效。

6.2 好氧甲烷氧化菌和完全反硝化菌群联合湿地植物参与碳氮循环

基于 16S rRNA 基因及 *pmoA*、*nirS*、*nosZ* 功能基因分析，对甲烷氧化菌和反硝化菌群在三种植物根圈和沉积物中的分布做了汇总，如图 6-13 所示。

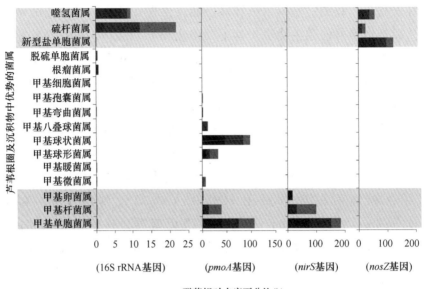

(a)

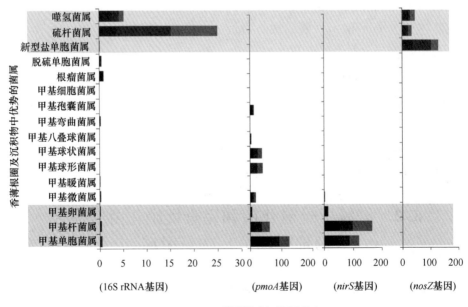

(b)

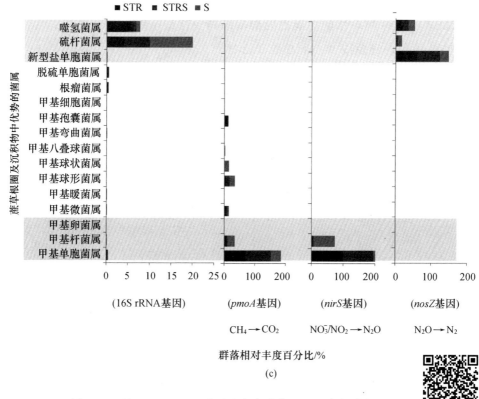

(c)

群落相对丰度百分比/%

图 6-13 基于 16S rRNA 基因及各类功能基因的参与碳氮循环的
甲烷氧化菌及反硝化菌在芦苇(a)、香蒲(b)、蔍草(c) 根圈及　图 6-13 彩图
无植被区沉积物中的分布

通过高通量、克隆测序和 qPCR 技术对 16S rRNA、*pmoA* 基因研究表明，乌梁素海湿地挺水植物根圈以 Type Ⅰ 甲烷氧化菌为优势菌群，根系对 Type Ⅰ 甲烷氧化菌群有富集作用，尤其对 Methylomonas 有选择性作用；通过 CARD-FISH 技术对 Type Ⅰ 甲烷氧化菌在根组织的原位杂交研究表明，它们主要栖息于根组织的表皮细胞（蔍草）、通气组织周围（芦苇）和维管束中（芦苇和香蒲）；通过对功能基因 *pmoA* 和 *nirS* 克隆序列系统发育关联性研究，首次提供了自然湿地中 Type Ⅰ 甲烷氧化菌中 Methylomonas、Methylobacter 和 Methylovulum 三个菌属含有亚硝酸盐还原基因（*nirS* 基因）的分子证据，说明 Type Ⅰ 甲烷氧化菌具有脱氮的基因潜力，这扩展了与根系关联的 Type Ⅰ 甲烷氧化菌的代谢谱；通过克隆测序和 qPCR 技术对脱氮基因 *nirS* 或 *nirK*、*nosZ* 研究表明，湿地挺水植物根圈以不完全脱氮的 *nirS* 型 Type Ⅰ 甲烷氧化菌

为主，与沉积物中 *nosZ* 型完全脱氮菌协同作用来调节甲烷排放和脱氮过程（见图6-14）；甲烷氧化菌功能群的群落结构及在根组织分布特征与富营养化湖泊的环境条件选择以及不同植物根选择有关。

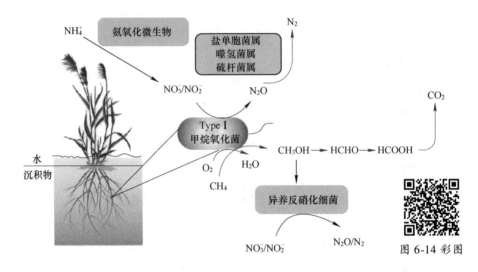

图 6-14 湿地挺水植物根圈反硝化型 Type I 甲烷氧化菌和其他反硝化菌、氨氧化菌参与的碳氮循环假设

7 湿地污染对植物根际微生物的影响

本章以内蒙古自治区某稀土尾矿库污染对土壤细菌、古菌的影响为例来介绍湿地污染对植物根际微生物的影响。

硝化作用是一个重要的土壤微生物过程，由于其对重金属污染的敏感性，被用于生态毒理学和风险评估研究。氨氧化是硝化过程中的限速步骤，在全球氮循环中起着至关重要的作用。氨氧化古菌（AOA）和氨氧化细菌（AOB）是土壤中氨氧化过程最重要的执行者。

重金属作为一种常见的污染，由于其毒性高而持久，对氨氧菌群的分布、丰度和活性都有不利影响。研究 AOB 和 AOA 在短期的微宇宙实验或野外实验中对铜、砷、锌和汞等重金属的响应发现：AOA 的丰度始终高于 AOB，不同浓度 As、Cu、As+Cu 处理下，AOA 的群落变化不明显。在不同 Hg 浓度下 AOA 变化依然不明显，而 AOB 的群落变化明显。在 Zn 中暴露 2 年后，AOA 的数量低于恢复的 AOB 的数量，这暗示了是 AOB 而不是 AOA 恢复了 Zn 污染土壤中的硝化作用。可见，重金属对氨氧化菌群的影响程度与重金属的元素类型、含量和暴露时间密切相关。

上述研究主要通过短期实验室或现场控制实验，关注单一或两种重金属联合污染，更适用于评估急性毒性的重金属，不太适合评估长期重金属污染下 AOA 和 AOB 的分布。因此，需要更多的研究来揭示重金属原位污染对土壤氨氧化微生物的慢性毒性效应。

7.1 湿地重金属污染评估

7.1.1 样地设置与样品采集

尾矿库位于半干旱区，所在区域全年风向为西北风。由于地势下降，该地区地表和地下水从东北向西南缓慢流动，坡度为 4‰。由于渗漏、浮尘、雨水侵蚀，尾矿库南侧土壤污染最为严重。黄河湿地距离尾矿库较远，污染较轻。本书选择三个样地作为研究样地（见图 7-1），包括两个尾矿坝附近的区域，即 T1（距离尾矿坝约 250m）和 T2（距离尾矿坝约 500m），以及一个远离尾矿坝的区域，即 Y（距离尾矿坝约 20km）。

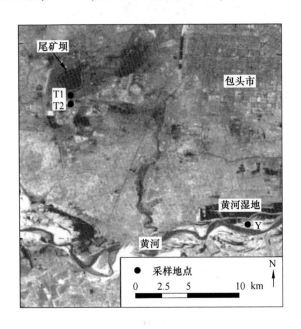

图 7-1　研究样地设置

每个样点处随机采集三份土壤样品，平行样品间呈间隔 50m 的三角形状。每个样品采用五点法采混合样，即在 $5 \times 5 m^2$ 的样方内随机采集 5 个土芯（0~20cm）混合，形成一个组合样品。最后，将来自 3 个样地的总共 9 个组合样本放入无菌袋中，立即装在冰冷箱中运到实验室，然后分别分成 3 份。第一部分保存在 -80℃ 提取 DNA。第二部分储存在 4℃（新鲜土样），用于潜在硝化速率（Potential nitrification rate，PNR）的测量。第三部分自然风干，过 2mm 土壤筛测定土壤基本理化指标，过 0.15mm 土壤筛测定重金属含量。

7.1.2 土壤基本理化及重金属污染分析

土壤基本理化指标有土壤含水量（WC）、pH 值（pH）、土壤可溶性盐（盐度）、土壤有机质（SOM）、全氮（TN）、全磷（TP）、铵态氮（NH_4^+-N）、硝态氮（NO_3^--N）。WC 采用 105℃ 恒重法测定。pH 在 1：5 的土水比溶液中，用电位法测定（HQ40D，HACH，USA）。盐度用残渍烘干法测定。SOM采用重铬酸盐氧化法测定。所有试剂均为分析级，所有溶液及稀释剂均使用超纯水配制。

根据国家标准局 HJ 636—2012、HJ 671—2013 和 HJ 634—2012 技术导则中的 QA 和 QC 程序，对 TN、TP、NH_4^+-N 和 NO_3^--N 四个土壤指标进行质量管理和控制。TN 和 TP 在加热消化炉内用 H_2SO_4-$HClO_4$ 消化后、NH_4^+-N 和 NO_3^--N 使用 2mol/L 氯化钾浸提，使用化学间断分析仪（Smartchem140 AMS/Westco，Italy）测定。该仪器以比色法为基础，具有自动进样、自动稀释、多参数同时测定的特点。根据操作手册和前人的描述方法，使用 NH_4Cl、KH_2PO_4、KNO_3 和 NH_4Cl 分别对 TN、TP、NO_3^--N 和 NH_4^+-N 建立标准曲线。4 个参数的线性范围分别为 0~6.0mg/L、0~5.0mg/L、0~10.0mg/L 和 0.01~5.0mg/L，相关系数（R^2）分别为 0.9991、0.9994、0.9993 和 0.9991。检测波长和检出限分别为 660nm、0.001mg/L（TN），880nm、0.001mg/L（TP），550nm、0.006mg/L（NO_3^--N）和 630nm、0.005mg/L（NH_4^+-N）。4 个参数的加标回收率为 95%~105%，相对标准偏差均小于 6%（$n=6$）。

土壤样品在消解炉上加 HNO_3、HCl、HF、$HClO_4$（9:3:10:3，体积比）混合酸体系，200℃下消解 3h、40min 后过滤，利用电感耦合等离子体发射光谱仪（ICP-OES，ICAP6000，Thermo Fisher Scientific，USA）测定其重金属含量。采用 7 种金属高纯混合标准品（中国国家标准材料中心，GBW07402）建立标准曲线。7 条标准曲线的 R^2 均大于 0.999。检测的波长和检出限分别为 As 193.76nm，0.04mg/L；Cd 226.50nm，0.003mg/L；Cr 267.72nm，0.004mg/L；Cu 327.39nm，0.005mg/L；Ni 231.60nm，0.009mg/L；Pb 220.35nm，0.03mg/L 和 Zn 213.86nm，0.005mg/L。7 种重金属的回收率在 90%~110%，相对标准偏差均小于 10%（$n=6$）。

表 7-1 结果显示，3 个样地土壤均为盐碱地。黄河湿地 Y 土壤的 SOM、TN、NH_4^+-N 和 NO_3^--N 显著高于尾矿附近样地 T1 和 T2 土壤中的含量。除 3 个样点的 Cu、Y 样点中的 Cr 和 Ni 外，其他重金属的含量均超过了国家土壤背景值。

表 7-1 土壤理化性质 （$n=9$）

样地	pH 值	WC /%	盐度 /g·kg^{-1}	SOM /g·kg^{-1}	TN /g·kg^{-1}	TP /g·kg^{-1}	NH$_4^+$-N /mg·kg^{-1}	NO$_3^-$-N /mg·kg^{-1}
T1	8.07±0.04b	17.13±0.59	16.90±0.96a	27.44±3.75b	0.19±0.02b	0.73±0.10	2.70±0.30b	0.25±0.02b
T2	8.05±0.01b	16.09±1.10	12.23±0.74b	25.85±1.24b	0.22±0.02b	0.72±0.12	3.32±0.42b	0.36±0.14b
Y	8.22±0.03a	19.82±3.12	11.47±0.86b	35.71±2.51a	0.73±0.02a	0.69±0.13	6.44±1.20a	0.87±0.07a

注：不同小写字母表示 3 个样点之间显著差异，$P<0.05$。WC 为含水量；盐度为土壤可溶性盐含量；SOM 为土壤有机质；TN 为总氮；TP 为总磷；NH$_4^+$-N 为铵态氮；NO$_3^-$-N 为硝态氮。

表 7-2 污染因子显示，除 T1 和 T2 的 As （Cf$_{As}>6$） 和 Cd （Cf$_{Cd}>6$） 污染程度较强外，其余均为轻度和中度污染。污染负荷指数 （Pollution load index，PLI） 依次为 T1>T2>Y，且差异显著 （$P<0.05$），T1 和 T2 土壤为重度污染 （$2\leqslant PLI<3$），Y 土壤为轻度污染 （$1\leqslant PLI<2$）。

表 7-2 土壤重金属含量 （mg/kg） 和污染负荷指数 （PLI） （$n=9$）

重金属	T1	T2	Y	NSBC	Cf-T1	Cf-T2	Cf-Y
As	58.78±1.65b	107.46±3.40a	48.64±2.07c	9.20	6.39±0.18	11.68±1.00	4.85±0.43
Cd	1.55±0.04a	0.76±0.01b	0.45±0.02c	0.07	20.95±0.59	10.23±0.08	7.48±0.21
Cr	64.79±4.18a	53.64±1.86b	44.54±1.29c	53.90	1.20±0.14	1.00±0.11	0.83±0.02
Cu	14.98±0.86a	13.04±0.13b	15.33±0.44a	20.00	0.75±0.04	0.65±0.01	0.77±0.02
Ni	34.40±0.79a	23.75±0.21b	23.18±0.06b	23.40	1.47±0.03	1.02±0.01	0.99±0.00
Pb	72.02±1.33b	104.25±2.05a	59.14±1.15c	23.60	3.23±0.07	4.23±0.06	3.03±0.01
Zn	76.30±1.61b	99.78±1.31a	71.51±0.76c	67.70	1.13±0.02	1.47±0.02	1.06±0.04
PLI	2.52±0.02a	2.42±0.07b	1.79±0.04c				

注：不同小写字母表示 3 个样点间显著差异，$P<0.05$。根据国家土壤背景 （NSBC） 计算 PLI。

7.2 重金属污染对氨氧化微生物的影响

7.2.1 研究方法

利用土壤微生物宏基因组提取试剂盒 （MP biomedicals，Solon，OH） 从

−80℃保存的土壤样品中提取基因组 DNA，作为 PCR 扩增、定量 PCR 和 DGGE 分析的模板。按照上述方法，用引物 Arch-amoA-F/Arch-amoA-R 和 amoA-1F/amoA-2R 扩增古菌和细菌的 *amoA* 基因（见表7-3）。定量 PCR 利用荧光定量 PCR 仪器 CFX Connect Optical Real-Time Detection System（Bio-Rad laboratories）和试剂 2×SYBR Premix Ex Taq Ⅱ（Takara biotech）完成。在定量 PCR 检测中，标准曲线是参考贺纪正研究组描述的方法进行的。R^2 和扩增效率分别为：AOA（$R^2 = 0.996 \sim 0.997$，扩增效率 $= 91.8\% \sim 101.1\%$）和 AOB（$R^2 = 0.982 \sim 0.988$，扩增效率 $= 99.2\% \sim 108.2\%$）。

表 7-3　PCR 扩增引物信息和反应程序

目标基因	引物名	引数序列 （5'-3'）	扩增子长度 （bp）	温度曲线	梯度范围 /%
细菌 *amoA* 基因（氨氧化细菌）	amoA-1FA	GGG GTT TCT ACT GGT GGT	490	95℃，30s；39×（95℃，45s；53℃，45s；72℃，45s 读板）；熔解曲线 65.0 ~ 95.0℃，增幅 0.5℃，0.05+读板	20~60
	amoa-2R	CCC CTC KGS AAA GCC TTC TTC			
古菌 *amoA* 基因（氨氧化古菌）	Arch-amoA-F	STA ATG GTC TGG CTT AGA CG	635	95℃，30s；35×（95℃，30s；55℃，45s；72℃，45S 读板）；熔解曲线 65.0 ~ 95.0℃，增幅 0.5℃，0.05+读板	20~50
	Arch-amoA-RB	GCG GCC ATC CAT CTG TAT GT			

注：A 为上游引物 5'端 40 个碱基的 GC 夹 CGCCCGCCGCGCCCCGCGCCCGGCCCGCCGCCCCCGCCCC；B 为上游引物 5'端 34 个碱基的 GC 夹 CCGCCGCGCGGCGGGCGGGGCGGGGGCACGGGG。

变性梯度凝胶电泳（DGGE）分析时，在 AOB 的 amoA-1F 和 AOA 的 Archi-amoA-R 的 5'端分别安装 GC 夹（见表7-3）。DGGE 按照前面 5.1.1.11 描述的方法进行。采用 6%（重量/体积）聚丙烯酰胺梯度凝胶，分别以变性梯度 20%~60% 和 20%~50% 的梯度，在 120V、60℃下分别对

AOB 和 AOA 的 PCR-GC 产物进行电泳 7h 和 6h。使用克隆载体 pGEM-T easy vector（Promega）和感受态细胞 Trans1-T1 Phage Resistant Chemically Competent Cell（Trans Gen Biotech）进行克隆 DGGE 的优势条带，然后测序。系统发育分析利用 MEGA 5.2 进行。提交序列的 GenBank 登录号 AOB 为 MF465828-MF465847，AOA 为 MF465807-MF465827。

硝化潜力 PNR 被广泛用于评价重金属污染土壤中活性 AOA 和 AOB 种群大小的指标。PNR 采用 Kurola 等的方法——氯酸钾抑制亚硝酸盐氧化法测定。将 5g（鲜重）土壤放入含有 20mL、1mmol/L 磷酸盐缓冲盐水（PBS）的 50mL 离心管中孵育（NaCl 8.0g/L；KCl 0.2g/L；Na_2HPO_4 0.2g/L；NaH_2PO_4 0.2g/L；pH=7.4）和 1mmol/L $(NH_4)_2SO_4$ 在室温黑暗中，25℃、100r/min 的摇床上放置 24h。加入最终浓度为 10mg/L 的 $KClO_3$ 抑制亚硝酸盐氧化。孵育后，在试管中加入 5mL、2mol/L KCl 提取 NO_2^--N。离心后，以磺酰胺和萘乙二胺为试剂，分析上清液 540nm 处 NO_2^--N 的存在情况。每个处理的 3 个离心管在相同的条件下培养。用重氮化偶合分光光度法测定提取液中 NO_2^--N 浓度，以 $mg(NO_2^--N)/(kg_{干土}·h)$ 表示土壤硝化潜力。重氮化偶合分光光度法测定步骤如下：分别加入 1.0mL 对氨基苯磺酰胺溶液，摇匀后放置 2~8min，加入 1.0mL 盐酸 N-(1-萘)-乙二胺溶液，立即混匀，再放置 15min，在 5cm 比色皿于 540nm 波长测定吸光度，以纯水做对照。亚硝酸钠标准曲线绘制：亚硝酸盐标准储备液配制如下，称 0.2463g 提前 24h 干燥的亚硝酸钠，用少量纯水溶解，移至 1000mL 容量瓶，纯水定容，质量浓度为 50μg/mL，装瓶，加 2mL 三氯甲烷。

7.2.2 重金属对氨氧化微生物丰度、活性和多样性的影响

氨氧化基因 amoA 的拷贝数及硝化潜力 PNR 在 3 个样点间的变化如图 7-2 所示。从图 7-2 可知，相对于 Y（轻度污染），T1 和 T2（重度污染）中 AOA 的数量明显减少（$P<0.05$），而 AOB 的数量没有明显变化。这表明重金属污染条件下 AOA 比 AOB 更敏感。重金属污染也会降低 AOB 数量，但本书未发现 3 个样点 AOB 数量有明显变化。这可能不是由于重金属本身，也可以归因于 3 个样点属于碱性土壤的原因。Shen 等发现在碱性土壤中，pH 值与 AOB 数量显著负相关，随着 pH 值降低 0.3 个单位，AOB 数量显著增加 22.5 倍，但没有观察到 AOA 数量的显著相关性。因此，在本书中，我们推

测相对于 Y(8.22)、T1(8.07) 和 T2(8.05) 较低的 pH 值可能会增加 AOB 的数量。因此，在高重金属污染和较低 pH 值的共同作用下，T1、T2 和 Y 之间的 AOB 数量没有显著变化，这也正是 T1 和 T2 中 AOB 数量高于 AOA 的主要原因。Y 区 AOA/AOB 均值明显高于 T1 和 T2 区。此外，Y 的硝化潜力 PNR 大约是 T1 和 T2 的 6~8 倍。Y 点的 AOB 和 AOA 的香农-威纳指数都显著高于 T1 和 T2 的（$P<0.05$）（见表 7-4）。该结果支持前人研究，即重金属污染可以抑制硝化潜力 PNR 和减少氨氧化微生物的多样性。

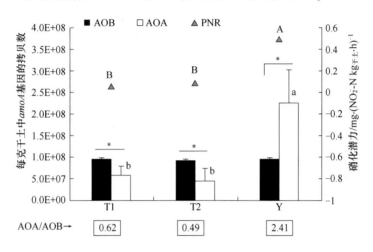

图 7-2　氨氧化基因 *amoA* 的拷贝数及硝化潜力 PNR 在 3 个样点间的变化

（不同小写字母表示 3 个样点间 AOA 基因拷贝数差异显著，$P<0.05$；不同大写字母表示 3 个样点间的 PNR 显著差异，$P<0.05$；* 表示同一样点 AOA 与 AOB 基因拷贝数差异显著（$^*P<0.05$）。组间采用 Duncan 法，组内最小显著性差异(LSD)检验进行单因素方差分析）

表 7-4　利用 DGGE 图谱条带亮度数据计算的 AOA 和 AOB 的香农-威纳指数 （*H*）

类型	T1	T2	Y
AOA	2.74±0.05b	2.86±0.12b	3.50±0.16a
AOB	1.91±0.07b	2.25±0.14b	2.78±0.26a

注：不同字母表示 3 个样点间 AOA 和 AOB 香农威纳指数的差异显著，$P<0.05$；利用 Quantity One 软件的具体计算方法见前文描述。

采用 Duncan 检验进行单因素方差分析，分析 3 个样点之间的 PNR、*amoA* 基因数量、理化性质、重金属和多样性指数的差异。通过 Pearson 分析确定非生物因素（如重金属）与生物因素（如 PNR、AOA 和 AOB 的丰度及

Shannon-Wiener 指数）之间是否存在显著相关性，探讨重金属污染复合效应对氨氧化菌群的影响（见表 7-5）。

表 7-5 非生物因素（如重金属）与生物因素（如 PNR、AOA 和 AOB 的丰度及 Shannon-Wiener 指数）的相关性

重金属	PNR	丰度（amoA 基因拷贝数）			多样性指数（香农威纳指数，H）	
		AOA	AOB	AOA/AOB	AOA	AOB
As	-0.517	-0.583	-0.305	-0.592	-0.589	-0.315
Cd	-0.684*	-0.521	-0.045	-0.530	-0.738*	-0.864**
Cr	-0.794*	-0.578	-0.099	-0.588	-0.791*	-0.880**
Cu	0.499	0.453	0.137	0.467	0.484	0.238
Ni	-0.548	-0.379	0.078	-0.387	-0.579	-0.762*
Pb	-0.590	-0.590	-0.292	-0.601	-0.643	-0.363
Zn	-0.494	-0.494	-0.222	-0.547	-0.550	-0.273
PLI	-0.875*	-0.775*	-0.222	-0.786*	-0.943**	-0.890**

注：表格中数字表示 Pearson 相关系数。* 表示显著相关（* $P<0.05$，** $P<0.01$）。

由表 7-5 可知，Cd、Cr 和 PLI 均明显抑制了 AOA 和 AOB 的 PNR 和多样性（H）（$P<0.05$）。AOA（或 AOB）的丰度与任何一种重金属的含量均无明显关系。PLI 显著影响了 AOA 丰度和 AOA/AOB 的比值。

值得注意的是，Cd 和 Cr 均对 AOA 和 AOB 的多样性（H）有负面影响，但与 AOA 和 AOB 的丰度相关性不明显。这可能是因为复合污染过程中微生物的适应过程、抗性机制和重金属的生物可利用性可能发生改变，一些存活的 AOB 和 AOA 种属可以通过产生耐受机制（如上调金属抗性基因，编码多种金属离子流出蛋白）应对 Cd、Hg、Cu 和 Zn 的毒性。

7.2.3 重金属对氨氧化微生物系统发育的影响

基于 DGGE 图谱识别和系统发育分析，3 个样点中，共观察到 20 个 AOB 优势条带和明显的群落变化（见图 7-3（a））。亚硝化单胞菌属（Nitrosomonas）序列占 AOB 的大部分，亚硝化螺旋菌属（Nitrosospira）序列最少。B12、B13 和 B14 主要出现于 T1 和 T2 中，而 B5、B6、B10 和 B11 主要出现在 Y 中；而与亚硝化单胞菌属（Nitrosomonas）相关的 B2 和与亚硝化

螺旋菌属（Nitrosospira）相关的 B18 在所有样品中均存在，但强度不同。B18 在 T1、T2 时强度较高。这表明亚硝基螺旋菌群落能够适应重金属胁迫，这在 Zn 污染土壤的 Zn 耐受性测试中得到证实。同时，本书中亚硝化单胞菌属（Nitrosomonas）序列占优势与之前研究中在 Zn 污染土壤中检测到的 AOB DGGE 条带均属于亚硝化螺旋菌属（Nitrosospira）不一致。Park 等发现 *Nitrosomonas europaea* 的重金属抗性基因的上调可能为污水处理厂污染的 Cd 和 Hg 提供早期预警指标。由此推测亚硝化单胞菌属（Nitrosomonas）可能是一种潜在的重金属污染指标。另一种可能是当地土壤处于盐胁迫，盐胁迫下选择亚硝化单胞菌属（*Nitrosomonas* sp.，如 *Nitrosomonas nitrosa*）为优势菌群。

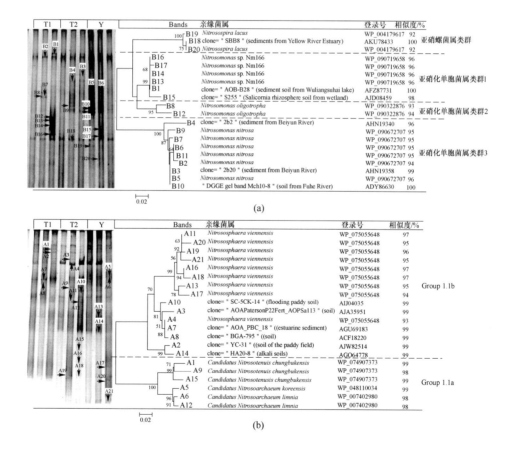

图 7-3　三类土壤中基于氨氧化细菌(a)和氨氧化古菌(b)的

amoA 基因序列的 DGGE 优势带系统发育树

（BLAST 比对的结果作为相似序列。系统树采用邻接法，1000 次重复计算，选取 bootstrap 值≥50%的在系统树左边节点处显示。Group 1.1a 为起源于海洋的氨氧化古菌类群；Group 1.1b 为起源于土壤和沉积物的氨氧化古菌类群）

此外，一些寡营养的亚硝化单胞菌（*Nitrosomonas oligotropha*）可以在低氨浓度下生长（T1 中的 B8、B12）。因此，本书中 Nitrosomonas 为优势种可能不是单一重金属污染所致，也可能与土壤盐胁迫共污染及低 NH_4^+-N 含量有关。

对于氨氧化古菌 AOA，共检测到 21 个条带，相对于 AOB 的群落变化较小（见图 7-3（b））。大多数 AOA 序列与 *Nitrososphaera viennensis* 相关，属于 1.1b 类群（起源于土壤和沉积物）。Subrahmanyam 等也发现 1.1b 类群是所有重金属处理的优势类群。只有 6 个条带（A1、A5、A6、A9、A12、A15）与 1.1a 类群相似。21 个条带中有 5 个条带（A1、A2、A3、A4、A11）均出现在 3 个样点剖面中。A9 和 A12 只出现在 T2 土壤中，而 A5 和 A6 仅在 Y 土壤中发现，表明 Nitrosoarchaeum（1.1a 类群）氨氧化古菌对重金属污染敏感。

综上所述，我们分析了北方某尾矿坝附近重金属污染土壤中 AOB 和 AOA 的多样性、丰度、活性和群落组成。除 AOA 群落变化较小外，重度污染和轻度污染区域 AOB 的 PNR、基因丰度、多样性和微生物组成均存在显著差异。值得注意的是，单一重金属对 AOA 和 AOB 的丰度没有影响，而复合重金属污染明显抑制了氨氧化菌的 AOA 和 AOA/AOB 丰度、活性、多样性和群落组成。本书强调了复合重金属污染对农田土壤氨氧化微生物的复合毒性效应。在这些半干旱区的盐碱土壤中，来源于尾矿坝的重金属污染土壤中，亚硝化单胞菌属（Nitrosomonas）是 AOB 的主要类群，而"1.1b（Nitrososphaera 类群）"为 AOA 的优势类群。

本书有助于我们进一步认识重金属污染对自然土壤氮循环的不利影响。氨氧化微生物参与的硝化作用，对受污染或退化土壤的氮素积累具有重要作用。

附录　缩略说明

中文名称	英文全称	英文简写
世界气象组织	World Meteorological Organization	WMO
政府间气候变化专门委员会	Intergovernmental Panel on Climate Change	IPCC
甲烷单加氧酶	Methane monooxygenase	MMO
颗粒性甲烷单加氧酶	Particulate methane monooxygenase	pMMO
可溶性甲烷单加氧酶	Soluble methane monooxygenase	sMMO
亚硝酸还原酶	Nitrite reductase	Nir
一氧化二氮还原酶	Nitrous oxide reductase	Nos
核糖体小亚基	Small subunit ribosomal	SSU
核糖体大亚基	Large subunit ribosomal	LSU
厌氧甲烷氧化	Anaerobic oxidation of methane	AOM
氨单加氧酶	Ammonia monooxygenase	AMO
羟氨氧化还原酶	Hydroxylamine oxidoreductase	HAO
好氧甲烷氧化菌耦合反硝化	Aerobic methane oxidation coupled to denitrification	AME-D
辣根过氧化物酶	Horse reddish peroxidase	HRP
变性梯度凝胶电泳	Denatured Gradient Gel Electrophoresis	DGGE

续表

中文名称	英文全称	英文简写
实时荧光定量 PCR	Real-time Quantitative PCR	RT-PCR/qPCR
酶连荧光原位杂交技术	Catalyzed Reporter Deposition Fluorescent In Situ Hybridization	CARD-FISH
酪胺信号放大	Tyramide Signal Amplification	TSA
主成分分析	Principal Component Analysis	PCA
主坐标分析	Principal Co-ordinates Analysis	PCoA
可分类操作单元	Operational taxonomic unit	OTU
微生物生态学定量研究	Quantitative Insights Into Microbial Ecology	QIIME
物种丰度	Richness	R
物种均匀度	Evenness	E
核糖体 rRNA 数据库	Ribosomal Database Project Ⅱ	RDP
美国国家生物技术信息中心	National Center for Biotechnology Information	NCBI
日本菌种保藏中心	National Biological Resource Center	NBRC
序列读取数据库	Sequence Read Archive	SRA
基于局部比对搜索工具	Basic Local Alignment Search Tool	BLAST
R 语言	R language	R
焦磷酸测序	Pyrosequencing	—
稳定同位素技术	Stable isotope	SIP
异丙基-β-D-硫代半乳糖苷	Isopropyl β-D-Thiogalactoside	IPTG
氨苄青霉素	Ampicillin	Amp

参 考 文 献

[1] Ai C, Zhang M L, Sun Y Y, et al. Wheat rhizodeposition stimulates soil nitrous oxide emission and denitrifiers harboring the *nosZ* clade I gene [J]. Soil Biology and Biochemistry, 2022, 143: 107738.

[2] Alikhani J, Alomari A, De C H, et al. Assessment of the endogenous respiration rate and the observed biomass yield for methanol-fed denitrifying bacteria under anoxic and aerobic conditions [J]. Water Science and Technology, 2017, 75 (1/2): 48-56.

[3] Armstrong W, Cousin D, Armstrong J, et al. Oxygen distribution in wetland plant roots and permeability barriers to gas-exchange with the rhizosphere: a microelectrode and modelling study with phragmites australis [J]. Annals of Botany, 2000, 86: 687-703.

[4] Auman A J, Speake C C, Lidstrom M E, et al. *nifH* sequences and nitrogen fixation in Type I and Type II methanotrophs [J]. Applied and Environmental Microbiology, 2001, 67 (9): 4009-4016.

[5] Auman A J, Stolyar S, Costello A M, et al. Molecular characterization of methanotrophic isolates from freshwater lake sediment [J]. Applied and Environmental Microbiology, 2000, 66 (12): 5259-5266.

[6] Bahram M, Espenberg M, Pärn J, et al. Structure and function of the soil microbiome underlying N_2O emissions from global wetlands [J]. Nat. Commun, 2022, 13: 1430.

[7] Bao Z, Okubo T, Kubota K, et al. Metaproteomic identification of diazotrophic methanotrophs and their localization in root tissues of field-grown rice plants [J]. Applied and Environmental Microbiology, 2014, 80 (16): 5043-5052.

[8] Bao Z, Watanabe A, Sasaki K, et al. A rice gene for microbial symbiosis, oryza sativa *CCaMK*, reduces CH_4 flux in a paddy field with low nitrogen input [J]. Applied and Environmental Microbiology, 2014, 80 (6): 1995-2003.

[9] Beaulieu J J, DelSontro T, Downing J A. Eutrophication will increase methane emissions from lakes and impounds during the 21st century [J]. Nat. Commun, 2019, 10: 1375.

[10] Berg G, Smalla K. Plant species and soil type cooperatively shape the structure and function of microbial communities in the rhizosphere [J]. FEMS Microbiology Ecology, 2009, 68 (1): 1-13.

[11] Bodelier P L, Gillisen M J, Hordijk K, et al. A reanalysis of phospholipid fatty acids as ecological biomarkers for methanotrophic bacteria [J]. The ISME Journal, 2009, 3 (5): 606-617.

[12] Bodelier P L E, Laanbroek H J. Nitrogen as a regulatory factor of methane oxidation in soils and

sediments [J]. FEMS Microbiology Ecology, 2004, 47 (3): 265-277.

[13] Borruso L, Bacci G, Mengoni A, et al. Rhizosphere effect and salinity competing to shape microbial communities in *phragmites australis* (Cav.) Trin. ex-Steud [J]. FEMS Microbiology Letters, 2015, 359 (2): 193-200.

[14] Bowman J P. The methanotrophs the families methylococcaceae and methylocystaceae [J]. Prokaryotes, 2006, 5: 266-289.

[15] Calhoun A, King G M. Characterization of root-associated methanotrophs from three freshwater macrophytes: *Pontederia cordata*, *sparganium eurycarpum*, and *sagittaria latifolia* [J]. Applied and Environmental Microbiology, 1998, 64 (3): 1099.

[16] Chen X, Zhu H, Yan B, et al. Greenhouse gas emissions and wastewater treatment performance by three plant species in subsurface flow constructed wetland mesocosms [J]. Chemosphere, 2019, 239: 124795.

[17] Dalton H. The Leeuwenhoek Lecture 2000: The natural and unnatural history of methane-oxidizing bacteria [J]. Philosophical Transactions of the Royal Society B: Biological Sciences, 2005, 360 (1458): 1207-1222.

[18] Dedysh S N, Liesack W, Khmelenina V N, et al. *Methylocella palustris* gen. nov., sp nov., a new methane-oxidizing acidophilic bacterium from peat bogs, representing a novel subtype of serine-pathway methanotrophs [J]. International Journal of Systematic and Evolutionary Microbiology, 2000, 50 (3): 955-969.

[19] Duan X, Wang X, Mu Y, et al. Seasonal and diurnal variations in methane emissions from Wuliangsu Lake in arid regions of China [J]. Atmospheric Environment, 2005, 39 (25): 4479-4487.

[20] Edwards J, Johnson C, Santos-Medellín C, et al. Structure, variation, and assembly of the root-associated microbiomes of rice [J]. Proceedings of the National Academy of Sciences of the United States of America, 2015, 112 (8): E911.

[21] Eickhorst T, Tippkötter R. Improved detection of soil microorganisms using fluorescence in situ hybridization (FISH) and catalyzed reporter deposition (CARD-FISH) [J]. Soil Biology and Biochemistry, 2008, 40: 1883-1891.

[22] Eller G, Frenzel P. Changes in activity and community structure of methane-oxidizing bacteria over the growth period of rice [J]. Applied and Environmental Microbiology, 2001, 67 (6): 2395-2403.

[23] Ettwig K F, Theo V A, Pas-Schoonen K T, et al. Enrichment and molecular detection of denitrifying methanotrophic bacteria of the NC10 phylum [J]. Applied and Environmental Microbiology, 2009, 75 (11): 3656-3662.

[24] Fausser A C, Hoppert M, Walther P. Roots of the wetland plants *Typha latifolia* and *Phragmites australis* are inhabited by methanotrophic bacteria in biofilms [J]. Flora, 2012, 207: 775-782.

[25] Feng L K, He S F, Yu H, et al. A novel plant-girdling study in constructed wetland microcosms: insight into the role of plants in oxygen and greenhouse gas transport [J]. Chem. Eng. J, 2022, 431: 133911.

[26] García-Lledó A, Vilar-Sanz A, Trias R, et al. Genetic potential for N_2O emissions from the sediment of a free water surface constructed wetland [J]. Water Res, 2011, 45 (17): 5621-5632.

[27] Hallin S, Hellman M, Choudhury M I, et al. Relative importance of plant uptake and plant associated denitrification for removal of nitrogen from mine drainage in sub-arctic wetlands [J]. Water Research, 2015, 85: 377-383.

[28] Hallin S, Lindgren P E. PCR Detection of genes encoding nitrite reductase in denitrifying bacteria PCR detection of genes encoding nitrite reductase in denitrifying bacteria [J]. Applied and Environmental Microbiology, 1999, 65 (4): 1652-1657.

[29] Hanson R S, Hanson T E. Methanotrophic bacteria [J]. Microbiological Reviews, 1996, 60: 439-471.

[30] Heilman M A, Carlton R. Methane oxidation associated with submersed vascular macrophytes and its impact on plant diffusive methane flux [J]. Biogeochemistry, 2001, 52 (2): 207-224.

[31] Henry S, Bru D, Stres B, et al. Quantitative detection of the *nosZ* gene, encoding nitrous oxide reductase, and comparison of the abundances of 16S rRNA, *narG*, *nirK*, and *nosZ* genes in soils [J]. Appl. Environ. Microb, 2006, 72 (8): 5181.

[32] Heyer J, Berger U, Hardt M, et al. *Methylohalobius crimeensis* gen. nov., sp. nov., a moderately halophilic, methanotrophic bacterium isolated from hypersaline lakes of Crimea [J]. International Journal of Systematic and Evolutionary Microbiology, 2005, 55: 1817-1826.

[33] Holmes A J, Costello A, Lidstrom M E, et al. Evidence that particulate methane monooxygenase and ammonia monooxygenase may be evolutionarily related [J]. FEMS Microbiology Letter, 1995, 132 (3): 203-208.

[34] Ishii K, Mußmann M, Macgregor B J, et al. An improved fluorescence in situ hybridization protocol for the identification of bacteria and archaea in marine sediments [J]. FEMS Microbiology Ecology, 2004, 50 (3): 203-212.

[35] Ishii S, Ohno H, Tsuboi M, et al. Identification and isolation of active N_2O reducers in rice paddy soil [J]. The ISME Journal, 2011, 5 (12): 1936-1945.

[36] Jones C M, Stres B, Rosenquist M, et al. Phylogenetic analysis of nitrite, nitric oxide, and

nitrous oxide respiratory enzymes reveal a complex evolutionary history for denitrification [J]. Molecular Biology and Evolution, 2008, 25 (9): 1955-1966.

[37] Kallistova A Y, Kevbrina M V, Nekrasova V K, et al. Enumeration of methanotrophic bacteria in the cover soil of an aged municipal landfill [J]. Microbial Ecology, 2007, 54 (4): 637-645.

[38] Kits K D, Klotz M G, Stein L Y. Methane oxidation coupled to nitrate reduction under hypoxia by the Gammaproteobacterium *Methylomonas denitrificans*, sp. nov. type strain FJG1 [J]. Environmental Microbiology, 2015, 17 (9): 3219-3232.

[39] Kobbing J F, Beckmann V, Thevs N, et al. Investigation of a reed economy (*Phragmites australis*) under threat: pulp and paper market, values and netchain at Wuliangsuhai Lake, Inner Mongolia, China [J]. Journal of Wetland Ecology and Management, 2016, 24: 357-371.

[40] Kumar A, Yang T, Sharma M P. Greenhouse gas measurement from Chinese freshwater bodies: a review [J]. J. Clean Prod, 2019, 233: 368-378.

[41] Langarica-Fuentes A, Manrubia M, Giles M E, et al. Effect of model root exudate on denitrifier community dynamics and activity at different water-filled pore space levels in a fertilised soil [J]. Soil Biol. Biochem, 2018, 120: 70-79.

[42] Li Y H, Zhu J N, Liu Q F, et al. Comparison of the diversity of root-associated bacteria in *phragmites australis* and *typha angustifolia* L. in artificial wetlands [J]. World Journal of Microbiology and Biotechnology, 2013, 29 (8): 1499-1508.

[43] Liu J, Cao W, Jiang H, et al. Impact of heavy metal pollution on ammonia oxidizers in soils in the vicinity of a tailings dam, Baotou, China [J]. Bulletin of Environmental Contamination and Toxicology, 2018, 101 (1): 110-116.

[44] Liu J, Sun F, Wang L, et al. Molecular characterization of a microbial consortium involved in methane oxidation coupled to denitrification under micro-aerobic conditions [J]. Microbial Biotechnology, 2014, 7 (1): 64.

[45] Liu J M, Bao Z H, Cao W W, et al. Enrichment of Type I methanotrophs with nirs genes of three emergent macrophytes in a eutrophic wetland in China [J]. Microbes Environ, 2020, 35 (1): ME19098.

[46] Liu J M, Cao W W, Jiang H M, et al. Impact of heavy metal pollution on ammonia oxidizers in soils in the vicinity of a tailings dam, Baotou, China [J]. Bulletin of Environmental Contamination and Toxicology, 2018, 101 (1): 110-116.

[47] Liu S, Ren H, Shen L, et al. pH levels drive bacterial community structure in sediments of the Qiantang River as determined by 454 pyrosequencing [J]. Frontiers in Microbiology, 2015, 6: 285.

［48］ Lüke C, Krause S, Cavigiolo S, et al. Biogeography of wetland rice methanotrophs ［J］. Environmental Microbiology, 2010, 12: 862-872.

［49］ Maavara T, Lauerwald R, Laruelle G G, et al. Nitrous oxide emissions from inland waters: are IPCC estimates too high? ［J］. Glob Chang Biol, 2019, 25 (2): 473-488.

［50］ Mcdonald I R, Bodrossy L, Chen Y, et al. Molecular ecology techniques for the study of aerobic methanotrophs ［J］. Applied and Environmental Microbiology, 2008, 74 (5): 1305-1315.

［51］ Oswald K, Graf J S, Littmann S, et al. Crenothrix are major methane consumers in stratified lakes ［J］. The ISME Journal, 2017, 11 (9): 2124.

［52］ Park H I, Choi Y J, Pak D. Autohydrogenotrophic denitrifying microbial community in a glass beads biofilm reactor ［J］. Biotechnology Letters, 2005, 27 (13): 949.

［53］ Prober S M, Leff J W, Bates S T, et al. Plant diversity predicts beta but not alpha diversity of soil microbes across grasslands worldwide ［J］. Ecology Letters, 2015, 18 (1): 85-95.

［54］ Qing S A R, Shun B, Zhao W, et al. Distinguishing and mapping of aquatic vegetations and yellow algae bloom with Landsat satellite data in a complex shallow lake, China during 1986—2018 ［J］. Ecol. Indic. 2020, 112: 106073.

［55］ Qiu Q F, Conrad R, Lu Y H. Cross-feeding of methane carbon among bacteria on rice roots revealed by DNA-stable isotope probing ［J］. Environmental Microbiology Reports, 2009, 1: 355-361.

［56］ Raghoebarsing A A, Arjan P, Pas-Schoonen K T, et al. A microbial consortium couples anaerobic methane oxidation to denitrification ［J］. Nature, 2006, 440 (7086): 918.

［57］ Rahalkar M, Deutzmann J, Schink B, et al. Abundance and activity of methanotrophic bacteria in littoral and profundal sediments of Lake Constance (Germany) ［J］. Applied and Environmental Microbiology, 2009, 75 (1): 119-126.

［58］ Reeburgh W S. Methane consumption in Cariaco Trench waters and sediments ［J］. Earth and Planetary Science Letters, 1976, 28 (3): 337-344.

［59］ Schmidt H, Eickhorst T. Detection and quantification of native microbial populations on soil-grown rice roots by catalyzed reporter deposition-fluorescence in situ hybridization ［J］. FEMS Microbiology Ecolgy, 2014, 87: 390-402.

［60］ Semrau J D, DiSpirito A A, Yoon S. Methanotrophs and copper ［J］. FEMS Microbiology Reviews, 2010, 34 (4): 496-531.

［61］ Shaaban M, Wu Y P, Khalid M S, et al. Reduction in soil N_2O emissions by pH manipulation and enhanced *nosZ* gene transcription under different water regimes ［J］. Environ. Pollut, 2018, 235: 625-631.

[62] Shapovalova A A, Khijniak T V, Tourova T P, et al. *Halomonas chromatireducens* sp. nov., a new denitrifying facultatively haloalkaliphilic bacterium from solonchak soil capable of aerobic chromate reduction [J]. Microbiology, 2009, 78 (1): 102-111.

[63] Shen Y, Chen W, Yang G, et al. Can litter addition mediate plant productivity responses to increased precipitation and nitrogen deposition in a typical steppe? [J]. Ecological Research, 2016, 31 (4): 579-587.

[64] Sun H, Lu X, Yu R, et al. Eutrophication decreased CO_2 but increased CH_4 emissions from lake: a case study of a shallow Lake Ulansuhai [J]. Water Res. 2021, 201: 117363.

[65] Tsubota J, Eshinimaev B T, Khmelenina V N, et al. *Methylothermus thermalis* gen. nov., sp nov., a novel moderately thermophilic obligate methanotroph from a hot spring in Japan [J]. International Journal of Systematic and Evolutionary Microbiology, 2005, 55: 1877-1884.

[66] Vigliotta G, Nutricati E, Carata E, et al. *Clonothrix fusca* Roze 1896, a filamentous, sheathed, methanotrophic gamma-proteobacterium [J]. Applied and Environmental Microbiology, 2007, 73 (11): 3556.

[67] Vorobev A V, Baani M, Doronina N V, et al. *Methyloferula stellata* gen. nov., sp. nov., an acidophilic, obligately methanotrophic bacterium that possesses only a soluble methane monooxygenase [J]. International Journal of Systematic and Evolution-ary Microbiology, 2011, 61 (10): 2456-2463.

[68] Wang C, Zhu G, Wang Y, et al. Nitrous oxide reductase gene (*nosZ*) and N_2O reduction along the littoral gradient of a eutrophic freshwater lake [J]. Environ. Sci, 2012, 25 (1): 44-52.

[69] Wang H, Wang W, Yin C, et al. Littoral zones as the "hotspots" of nitrous oxide (NO) emission in a hyper-eutrophic lake in China [J]. Atmos. Environ, 2006, 40 (28): 5522-5527.

[70] Wang S Y, Pi Y X, Jiang Y Y, et al. Nitrate reduction in the reed rhizosphere of a riparian zone: From functional genes to activity and contribution [J]. Environ. Res, 2020, 180: 108867.

[71] Wegener G, Krukenberg V, Ruff S E, et al. Metabolic capabilities of microorganisms involved in and associated with the anaerobic oxidation of methane [J]. Frontiers in Microbiology, 2016, 7: 46.

[72] Wei F S, Chen J S, Wu Y Y, et al. Study on the background contents on 61 elements of soils in China [J]. Chinese of Journal of Environment Science, 1991, 12 (4): 12-19.

[73] Wei W, Isobe K, Nishizawa T, et al. Higher diversity and abundance of denitrifying microorganisms in environments than considered previously [J]. The ISME Journal, 2015, 9

(9)：1954.

[74] Xiao Q, Xu X, Zhang M, et al. Coregulation of nitrous oxide emissions by nitrogen and temperature in China's third largest freshwater Lake (Lake Taihu) [J]. Limnol. Oceanogr, 2019, 64 (3)：1070-1086.

[75] Yun J, Yu Z, Li K, et al. Diversity, abundance and vertical distribution of methane-oxidizing bacteria (methanotrophs) in the sediments of the Xianghai wetland, Songnen Plain, northeast China [J]. Journal of Soils and Sediments, 2013, 13 (1)：242-252.

[76] Zhang Y, Ji G D, Wang C, et al. Importance of denitrification driven by the relative abundances of microbial communities in coastal wetlands [J]. Environ. Pollut, 2019, 244：47-54.

[77] Zhao S, Wang Q, Zhou J, et al. Linking abundance and community of microbial N_2O-producers and N_2O-reducers with enzymatic N_2O production potential in a riparian zone [J]. Sci. Total Environ, 2018, 642：1090-1099.

[78] 刘菊梅. 乌梁素海湿地挺水植物根圈脱氮甲烷氧化菌群多样性及分布特征研究 [D]. 呼和浩特：内蒙古大学，2018.

[79] 方艳. 第23个世界湿地日——湿地与气候变化 [J]. 国土绿化，2019 (2)：13-15.

[80] 鲍士旦. 土壤农化分析 [M]. 北京：中国农业出版社，2000.

[81] 巢清尘. "碳达峰和碳中和"的科学内涵及我国的政策措施 [J]. 环境与可持续发展，2021，46 (2)：14-19.

[82] 陈之端，张晓霞，胡海花，等. 中国植物地理学研究进展与展望 [J]. 地理学报，2022，77 (1)：120-132.

[83] 国家林业局. 第二次全国湿地资源调查结果公布 [J]. 湿地科学与管理，2014，10 (1)：65.

[84] 郭旭. 湿地植被资源与保护策略分析 [J]. 林业勘查设计，2021，50 (3)：62-65.

[85] 胡建忠. 维系我国湿地生态系统的植物资源 [J]. 中国水土保持，2022 (5)：1-4.

[86] 贾仲君，蔡元锋，贠娟莉，等. 单细胞、显微计数和高通量测序典型水稻土微生物组的技术比较 [J]. 微生物学报，2017，57 (6)：899-919.

[87] 雷光春. 中国履行《湿地公约》的成就与展望 [J]. 自然保护地，2022，2 (3)：1-8.

[88] 李靖宇，杜瑞芳，武琳慧，等. 乌梁素海湖泊湿地过渡带氨氧化细菌群落 [J]. 生态学杂志，2014，33 (7)：1902-1910.

[89] 李庞微，娄彦景，唐浩然，等. 中国湿地中植物资源的现状和保护与利用对策 [J]. 湿地科学，2022，20 (4)：517-528.

[90] 刘建丽，赵吉，武琳慧. 乌梁素海湖滨湿地硫酸盐还原菌种群分布 [J]. 农业环境科学学报，2016，35 (2)：358-363.

[91] 孟焕，王琳，张仲胜，等．气候变化对中国内陆湿地空间分布和主要生态功能的影响研究 [J]．湿地科学，2016，14（5）：710-716．

[92] 裴理鑫，叶思源，何磊，等．中国湿地资源与开发保护现状及其管理建议 [J]．中国地质：1-37．https：//kns.cnki.net/kcms/detail/11.1167.P.20221125.1448.003.html（网络首发）．

[93] 国家林业，草原局，自然资源部．全国湿地保护规划印发 [J]．资源导刊，2022，（11）：4．

[94] 宋香静，李胜男，郭嘉，等．环境变化对湿地植物根系的影响研究 [J]．水生态学杂志，2017，38（2）：1-9．

[95] 许芹，吴海明，陈建，等．湿地温室气体排放影响因素研究进展 [J]．湿地科学与管理，2013，9（3）：61-64．

[96] 杨敖日格乐．乌梁素海湖滨带植物群落空间分布格局及其形成机制研究 [D]．呼和浩特：内蒙古大学，2013．

[97] 杨乐，林海娇，李东宾，等．中国自然湿地温室气体排放估算的不确定性分析 [J]．湿地科学，2022，20（1）：104-110．

[98] 杨元合，石岳，孙文娟，等．中国及全球陆地生态系统碳源汇特征及其对碳中和的贡献 [J]．中国科学：生命科学，2022，52（4）：534-574．

[99] 于景丽，范雅慧，高晓霞，等．高通量技术解析锡林河底泥反硝化菌群组成及丰度 [J]．微生物前沿，2014，3：70-78．

[100] 于志国，唐健，王红岩，等．气候变暖对典型湿地碳汇功能动态影响研究进展 [J]．中国农村水利水电，2022（10）：1-5．

[101] 张熙灵，王立新，刘华民，等．芦苇、香蒲和薹草3种挺水植物的养分吸收动力学 [J]．生态学报，2014，34（9）：2238-2245．

[102] 张晓栋，朱建华，康晓明，等．中国湿地温室气体清单编制研究进展 [J]．生态学报，2022，42（23）：9417-9430．

[103] 张倚浩，阎建忠，程先．气候变化与人类活动对青藏高原湿地影响研究进展 [J]．生态学报，2023（6）：1-14．

[104] 生态环境部．中国应对气候变化的政策与行动2022年度报告（摘编）[J]．环境保护，2022，50（21）：45-56．

[105] 卓凌，黄桂林，唐小平，等．中国湿地保护标准体系优化研究 [J]．湿地科学，2022，20（2）：133-138．